絵で見てわかる

Oracleの仕組み【新装版】

杉田敦史／山本裕美子／辻井由佳／寺村涼＝著
小田圭二＝著・監修

SHOEISHA

はじめに

はじめまして。日本オラクルでコンサルタントをしている寺村と申します。私は本書『絵で見てわかるOracleの仕組み』の初版でデータベースのアーキテクチャについて学び、このたび新装版の執筆に携わらせていただくことになりました。

本書のテーマは、Oracle Database（以下、Oracle）のアーキテクチャと動作です。主な対象読者は次のような方になります。

- Oracleをこれから学ぶ方
- Oracleは学んだけれども、アーキテクチャは自信がない方
- Oracleの学習を一度挫折した方
- Oracleの理解に伸び悩んでいる方

知識の前提は、「基本的なSQL文（SELECT/INSERT/UPDATE/DELETE/COMMIT/ROLLBACK）」を知っていることです。もう少し細かく言うと、SELECT文における表の結合と、変更されたデータはCOMMIT文で確定し、ROLLBACKで取り消されることを理解していれば十分です。

また、本書の特徴は次の3点です。たまにコマンドも出てきますが、アーキテクチャの理解を助けるために載せています。

- アーキテクチャと動作をひたすら説明する。頭の中でイメージが描けるようになってもらう
- できる限りOracle以外の用語（ITの基本用語）を用いて説明する
- コマンド説明がメインではない

さて、私は2014年に日本オラクルに入社してその後4年以上にわたり、コンサルタントとして多くのお客様のプロジェクトを支援してきました。Oracleをメインに OS、ネットワーク、ストレージなどさまざまなレイヤーを学び、コンサルティングサービスに生かしてきました。

近年は仮想化技術やインフラを自社で管理しないクラウドといったサービスも流行です。IT業界の流行はとても速いですが、学んだ技術がすぐに廃れていくかと言うとそうでもありません。新しい技術が登場しても基礎的なアーキテクチャは変わらないことが多いのです。

逆に言うとアーキテクチャはわからないけど、「コマンドをこう打てばいい」とか、「よくわからないけど、こういうものなんだ」と暗記しているエンジニアは苦労していると感じるかもしれません。

本書で解説するデータベースのOracleもその代表例でしょう。現在に至るまで、多くのバージョンがリリースされ、そのつど新しい機能や技術が追加されています。

最近では、データベースもクラウドに対応していますが、Oracleのアーキテクチャをきちんと理解しているエンジニアなら難なく対応できます。Oracleと言えど、その実体はディスクやネットワークを使うOS上のアプリケーションにすぎないためです。

これらを踏まえ、読者が本当の実力を持ったOracleエンジニアになるための第一歩を踏み出してもらうことが本書の目的です。

さらに、自分で調べて学ぶ癖をつけてもらえればとも考えています。具体的な目標は**Oracleの基本的なアーキテクチャを理解してもらうこと**です。

もちろん、管理者として一流になるためには、アーキテクチャだけでは十分ではありません。コマンドなどについては、ほかの書籍や記事といった別の形でマスターする必要があります。

また経験上、自分でデータベースを作って壊してを繰り返し、いろいろなことを身をもって経験することはとても大事です。実際のデータベース構築については、ぜひ現場あるいは自分のPCで経験してみてください。その過程でコマンドも自然と身につくでしょう。

ただし、これらを学ぶ際にも、本書で説明するアーキテクチャや動作を理解していると身につき方がまったく違うはずです。ぜひアーキテクチャや動作を思い浮かべながらデータベース構築を行なってください。

ぜひOracleアーキテクチャの世界を絵で見て楽しみながら体験し、実力アップに役立てていただければ幸いです。

著者を代表して　寺村 涼

CONTENTS

【第4章】SQL文解析と共有プール　59

【第5章】Oracleの起動と停止　77

【第6章】接続とサーバープロセスの生成　95

【第7章】Oracleのデータ構造　111

【第8章】Oracleの待機とロック　131

【第9章】REDOとUNDOの動作　149

目次

●本書の表記について
紙面の都合でコードや実行結果を折り返す場合、行末に↵マークを付けています。

第1章

I/Oとディスクの関係

本書では、Oracleアーキテクチャの基本を、図をもとにわかりやすく解説します。第1章では、Oracleの基本機能を「Oracleを理解するための必須キーワード」として取り上げ、これを前提にI/O（Input/Output：入出力）とディスクの関係を詳しく見ていきます。普段は意識することがないかもしれませんが、I/Oとディスクの動作をイメージできれば、Oracleで発生するさまざまな現象を理解しやすくなります。応用力のあるOracleエンジニアになるための第一歩を踏み出しましょう！

1.1 Oracleを理解するための必須キーワード

まず、筆者が考えるOracleを理解するための3つのキーワードを紹介します。これは本書の多くの章で出てくるキーワードです。

KeyWord

① 並列処理を可能にし、高スループットも実現
② レスポンスタイムを重視
③ COMMITされたデータは守る

Oracleに限らず、DBMS（DataBase Management System：データベース管理システム）の内部構造は複雑です。その理由は主にこれら3点の特性から来ています。しかもこれらは相性が悪いのです。たとえば「COMMITされたデータは守る」ためにCOMMITのタイミングでデータをディスクに書きたいところですが、そうしてしまうとレスポンスが悪くなってしまいます。

「並列処理を可能にし、高スループットも実現」も簡単ではありません。並列処理する場合、矛盾する処理が行なわれないようロック[※1]が必要になりますが、そのロックのために逆に性能が出ないこともあります。

なお、本書では章ごとにトピックを決め、OracleのDBMSとしての基本機能のみを説明します。最近のOracleは機能豊富ですが、これらの基本機能がもとになっています。しっかりと身につけてください。また、本書に出てくる数値は読者の理解を助けるための参考数値であり、あくまで目安と考えてください。

※1 データの書き込み処理を行なう際、データの整合性を保つためデータの読み込み／書き込みを一時的に制限すること。

1.2 Oracleとディスク（ハードディスク）

Oracleはデータベース管理システム（DBMS）です。そしてOracleにおけるデータベースとは、Oracleの管理下でディスク（ハードディスク）に入っているデータのことを指します。Oracleはディスクからデータを読み込み、処理をして、ディスクにデータを書き戻します。つまり、Oracleが取り扱うデータはディスクから取り出され、ディスクに戻るのです。そのため、Oracleとディスクは切っても切れない関係にあると言えます。

ということで、第1章であるこの章ではディスクの説明をします。もし手元に壊してもかまわないディスクがあったらぜひ、ドライバーで開けて中身を見ながら読み進めてください。ただし一度開けてしまうと二度とそのディスクは使えませんので、ご注意を。

ここでさっそく最初の動作イメージを持っていただきたいと思います。まずは、ディスクを音楽のレコードやCDのようなものだとイメージしてください（図1.1）。

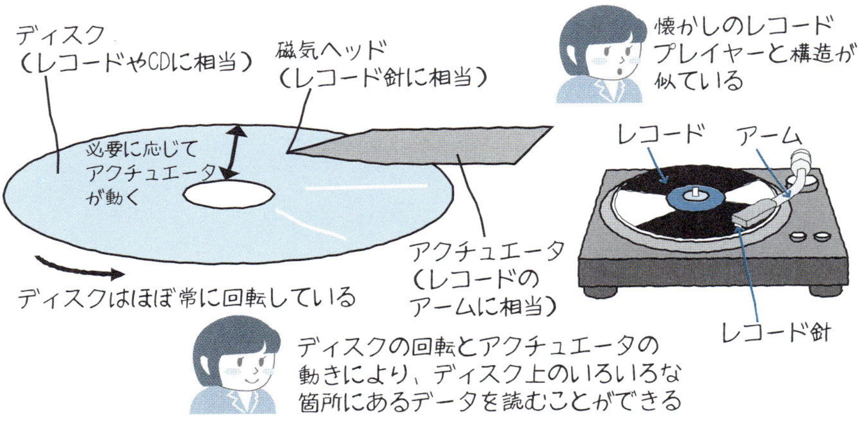

図1.1　ディスクとレコードのイメージ

ディスクがほぼ常に回転していて、その上をヘッドが動いて音楽ならぬデータを読み書きします。レコードとの違いは円盤が何枚か重なっていること、ディスクを反転させなくてもアクチュエータが両面を使うことですが、ここでは大事ではありません。もう1つの違いと言えば速度でしょうか？　音楽にたとえると1秒あたり100回の頭出しが可能なくらいヘッドがすばやく動きます。また回転速度もすさまじく、1分間に1万回くらい回ります（図1.2）。

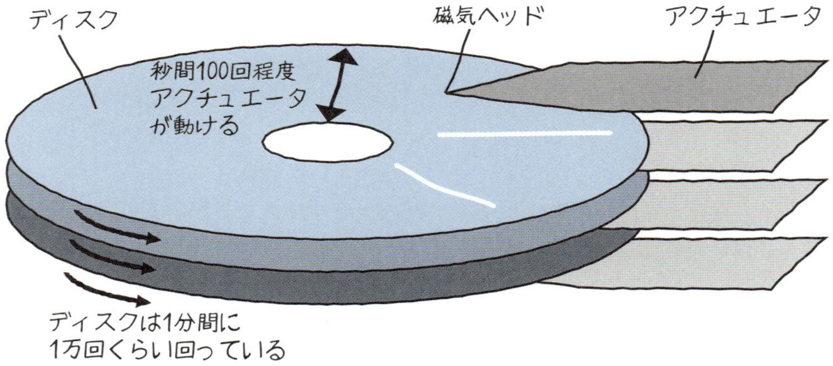

図1.2　より現実に近いディスクのイメージ

1.3 ディスクの動作

おそろしく高速なレコードのイメージができたところで、次はI/O処理に必要なディスクの動作を見ていきましょう。データを読む（もしくは書く）ためには、いわゆる「頭出し」をしなければなりません。この目的の位置を探す作業を、ディスクの用語では「シーク」と呼びます。

その後、さらに欲しい情報が回転してくるまで待ちます。この待ち時間を「回転待ち時間」と呼びます。そしてようやくデータを読み書きします（図1.3）。

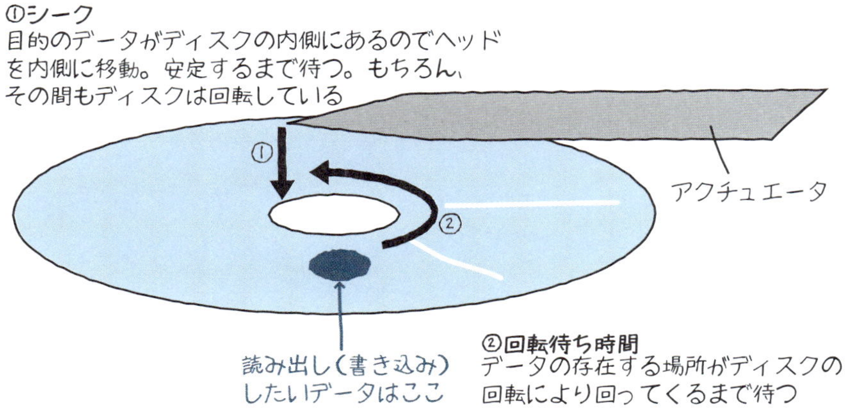

図1.3　I/O処理に必要な動作

メモリに対するアクセスはnsec（ナノ秒）の単位で行なえるのに対して、ディスクに対するアクセスはmsec（ミリ秒）の単位で時間がかかります。人間の時間感覚からすれば素早く動作するように感じられるディスクへのアクセスですが、コンピュータの速度からするととても遅いのです。

理由を簡単に言ってしまえば、電気信号で処理されるメモリに対して、ディスクは機械動作が入ってしまうためです。ディスクへのI/OはDBMSにとって必要なものですが、処理時間短縮の観点では減らすべきものでもあるのです。

ここからは、シークから回転待ち時間までにかかる時間の合計を10msec、ディスクの転送速度（ヘッドを動かさずにずっとデータを読み書きする場合の可能な処理量）を20MB/秒として解説します。

1.3.1 どうやってI/O待ちの時間を減らすのか？

それでは、実際にどのようにしてI/O待ちの時間を減らせば良いのでしょうか？そのためにまず、シーケンシャルアクセスについて説明します。シーケンシャルとは「逐次（順を追って）」のことで、先頭から間を抜かさずにアクセス（読み／書き）することです。フルスキャン（表の全データを読み込むこと）の際に、メモリにデータがないとシーケンシャルアクセスが発生します（図1.4）。シーケンシャルアクセスとフルスキャン――この2つはデータベースを理解するために大事な用語なので、覚えておいてください。

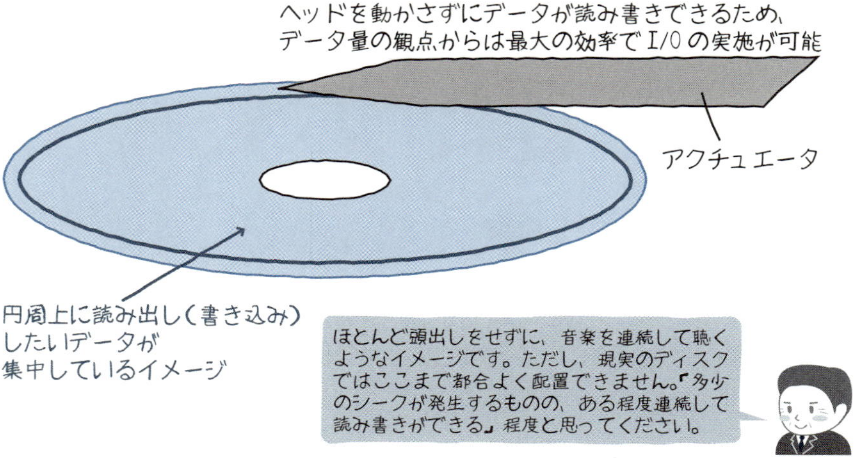

図1.4　シーケンシャルアクセス

さて、表サイズを1GBとすると、シーケンシャルアクセスで全部読み込むだけで50秒（サイズ／転送速度＝1000MB／20MB/秒）かかります。表サイズが100MBだとしても5秒かかります。こんなに時間がかかってしまうのでは、たいていの場合、SQLの性能要件を満たすことができません。

そこでインデックス（索引）の発想が出てきます。本で何かを調べたい場合にみなさんならどうしますか？　先頭から全ページを読んで探す人は少なく、たいていの場合はインデックスを使うでしょう。ご存じのようにインデックスにはキーワードが順番に並べられていて、ページ番号も載っています。そのページ番号を見てすばやく必要なページにたどり着き、必要な情報を得るわけです。

データベースのインデックスも同様です。データベースのインデックスには検索の際に使用するキー値（SQL文のWHERE句に書く条件の値のこと）と、そのキーが存在するアドレスが書かれています（図1.5）。

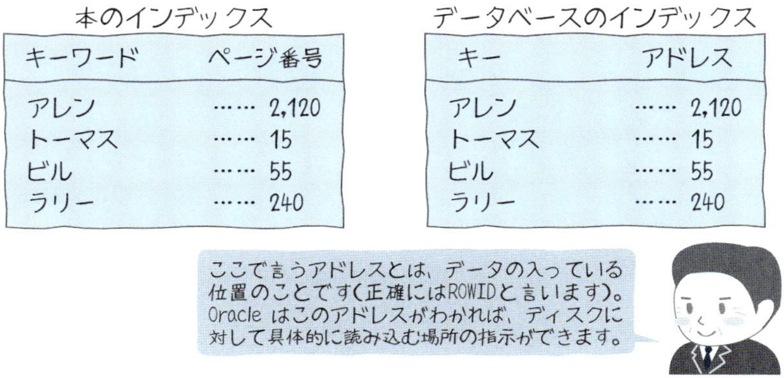
本のインデックス
キーワード
ページ番号
アレン …… 2,120
トーマス …… 15
ビル …… 55
ラリー …… 240
データベースのインデックス
キー
アドレス
アレン …… 2,120
トーマス …… 15
ビル …… 55
ラリー …… 240
ここで言うアドレスとは、データの入っている位置のことです（正確にはROWIDと言います）。Oracle はこのアドレスがわかれば、ディスクに対して具体的に読み込む場所の指示ができます。

図1.5　インデックスのイメージ

1.3.2 インデックスの使用例

たとえばラリーさんのことを本で調べたい場合、インデックスで240ページに書かれていることを調べてから該当ページを開き、ラリーさんの情報を得ます。SQL文も同じで、WHERE句に"ラリー"さんのことを知りたい旨の記述をし、SELECT句に知りたい項目（次の例では"所属会社"）を書きます。

```
SELECT "所属会社" FROM "個人データ" WHERE "個人名" = "ラリー";
```

このSQL文をインデックスを使って処理する場合は、まず"個人名"の載っているインデックスを調べます。その結果、"ラリー"さんのアドレス（ROWID）を得られるので、そのアドレスをもとにデータを読み込みます。読み込まれたデータの中にはラリーさんのデータがそろっているため、その中から"所属会社"のデータをユーザーに返します（図1.6）。

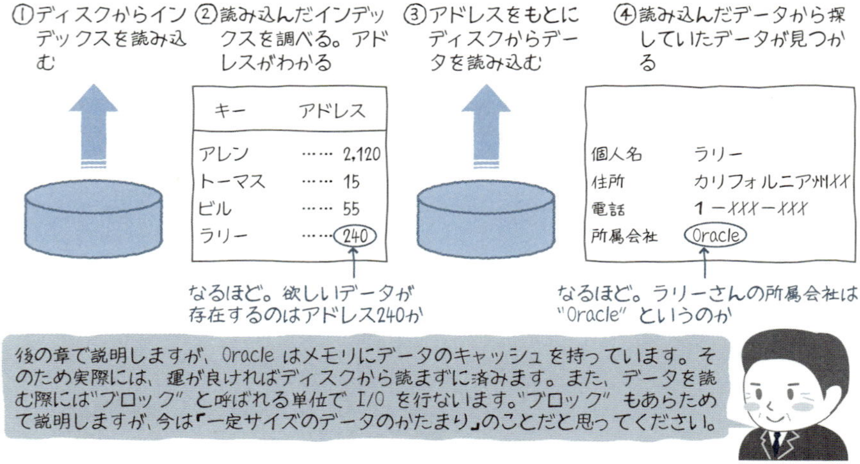

図1.6　インデックスを使ったSQL処理の流れ

このように大変便利なインデックスですが、インデックス自体のサイズが大きくなってくるとやはり処理に時間がかかるのでしょうか？　そんなことはありません。内部的には「インデックスのインデックス」のように、自動的に多段の構成になっていくためです（図1.7）。ここが本のインデックスと異なる点でしょう。

ちなみに、このような多段の構造は「ツリー構造」と呼ばれます（木を逆さまにしたように見えますよね）。メリットは、インデックスの関係のない部分は読まなくて済むことです。

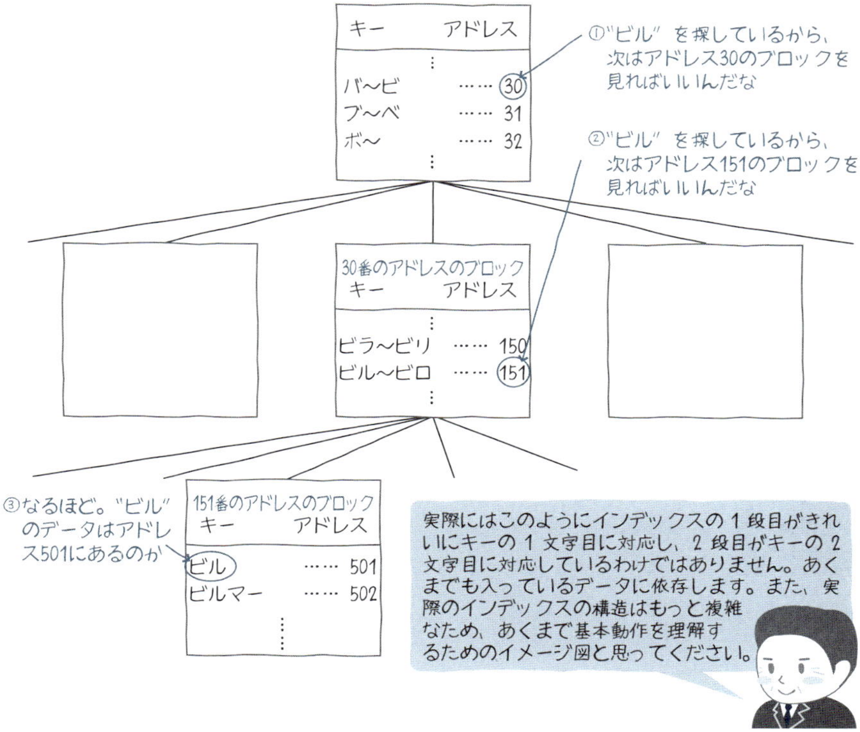

図1.7　多段のインデックスのイメージ

1.3.3 ランダムアクセス

話をI/Oに戻しましょう。インデックスを使うと、必要な箇所だけ読めば十分です。しかし、必要な箇所がディスク上で連続していることはほとんどありません。そのためヘッドを動かしながら、とびとびにアクセスすることになります。このようなアクセスを「ランダムアクセス」と呼び、シーケンシャルアクセスの反対の意味を持ちます。

このランダムアクセスは、ディスクから見るとある意味非効率です。とびとびにアクセスするたびにシークと回転待ちが発生し、時間を使ってしまうためです。たとえば、Oracleのブロックサイズを8KB、1秒間にシークできる回数を100回とした場合、1秒間に約800KBしか読み出せません。これは、ディスクの転送速度（ヘッドを動かさずにずっとデータを読み書きする場合の可能な処理量）を20MB/秒とした場合に、シークしなければ1秒間に20MB読み出せるのに比べると、25分の1です。

音楽を聴くことにたとえるならば、頭出しを頻繁に繰り返して1時間のうち2分半しか音楽を聴いていないことに相当します。残りの57分半は頭出しの時間です。

実際、データ転送の効率から見るとDBMSのI/Oはそんなものです。このようなシークを繰り返すという事情があるため、DBMS（特にOLTP[※2]のシステム）のためのディスクの指標はIOPS（I/O Per Sec：1秒あたりのI/O可能回数）が重要と言われます。そしてたいていのディスクのIOPSは100回や200回程度であるため、1つや2つのディスクでデータベースを作ってしまうと、負荷が集中したときにシークが追いつかず、ディスクがボトルネックになってしまうのです（図1.8）。

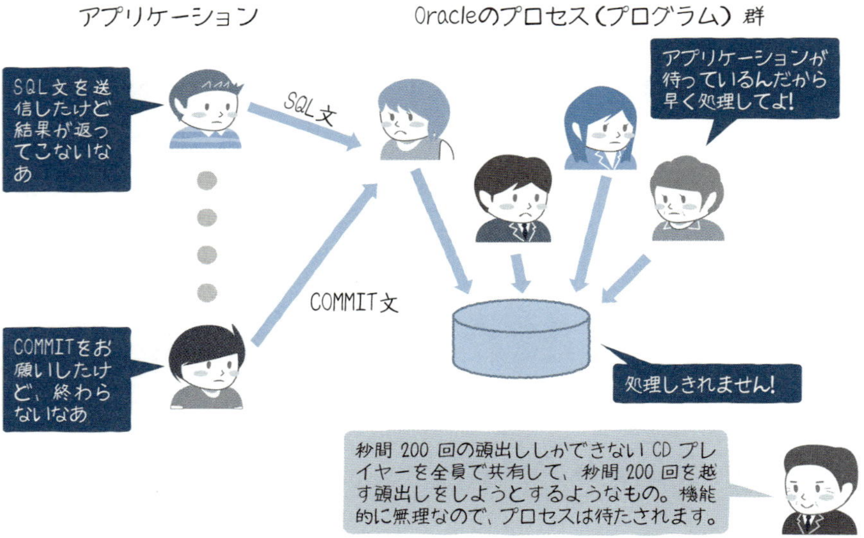

図1.8　ディスクの数が少ないとディスク自体がボトルネックに

※2　OnLine Transaction Processing。イメージとしては、鉄道の座席予約システムや銀行の入出金処理です。多くの端末からオンラインで（ネットワーク越しに）大きくないデータを読み書きし、すぐに結果を求めるようなシステム形態のことです。大きくないデータということと、「すぐに」ということからわかるように、インデックスを使うべきシステム形態と言えます。

上級者向けTips

「インデックスアクセスが有利なのはデータの15%未満」なのはなぜ？

その理由はシーケンシャルアクセスとランダムアクセスの特性にあります。表のデータが大量でその中から1行を探し出すのであれば、当然インデックスアクセスのほうが速く探し出せます。それに対してすべてのデータを見る場合、インデックスを引きながらでは逆に遅くなってしまいます（本の中身を全部読みたいのに、インデックスを引きながら読む人はいませんよね）。

ではデータが50%ではどうでしょうか？　データが25%ではどうでしょうか？　ここで「ディスクに対するランダムアクセスは、データの読み出し効率から見るとシーケンシャルアクセスに劣る」という特性が重要になってきます。たとえば、2万行のデータを持つ表から半分の1万行を取り出す場合を考えてみましょう。ここで1行は8KBとします。今まで使ってきたディスクの性能値を使った計算だと、ランダムアクセスでは約100秒かかります（インデックスは頻繁に使われるので、キャッシュに載っていると想定します）。それに対して2万行全部を読み込むシーケンシャルアクセスでは、すべての行（2万行）をディスクから読み込んでも約8秒で終了します。つまりディスクの特性から、全件でなくてもある程度までであればシーケンシャルアクセスで表をフルスキャンしたほうが速いとわかります。

ただし、実際にはキャッシュにデータが載っていることもありますし、1ブロックに複数行のデータが格納されていて1回のI/Oで多くの行を読み取れることもあります。さらにはインデックスのデータをディスクから読み出すこともあるため、一概に「15%がしきい値」とは言えません。あくまで目安としてください。

1.4 データを保証するためのディスク

Oracleのプロセスが異常終了したとしても、データは大丈夫です。ここが、DBMSとほかのプログラムで異なる点の1つです。たとえばExcelでは保存（セーブ）した時点以降のデータは失われます。ご存じのようにプログラムが異常終了するとデータは失われ、電源ボタンを押して急に電源を切ってもデータは失われます。

それに対して、DBMSはどんな障害にも耐えられなければなりません。CPUが壊れても、メモリが壊れても、停電してもデータを失うわけにはいかないのです。コンピュータの主記憶の中の情報は電気ですから、停電すればメモリから消えてしまいます。そのような厳しい条件があるにもかかわらず、キーワードで紹介した「COMMITされたデータは守る」という特性はどのようにして実現しているのでしょうか？

答えは簡単で、データを変更した後にCOMMITと入力すると、Oracleはディスクにデータを書き出しているのです（図1.9）。「これでは遅いじゃないか」と思われるでしょうが、そこに関しても高速化の仕組みがあります。一方で、高速化の仕組みがあるためにOracleをはじめとするDBMSの構造は複雑なのですが、これについては後の章で説明します。

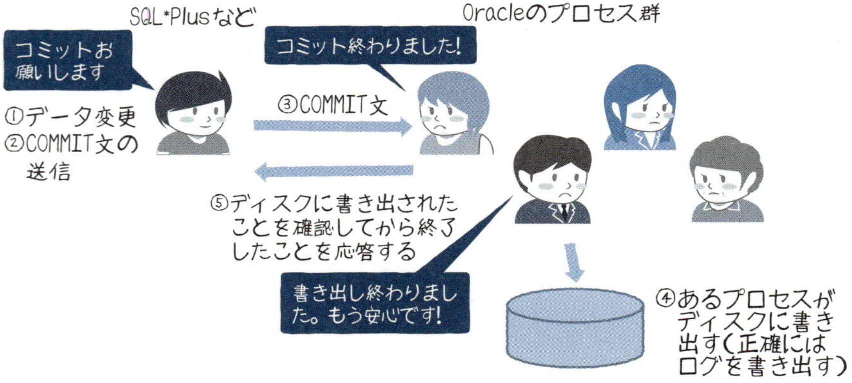

図1.9　COMMITを受信するとデータをディスクに書き出す

COLUMN

「シーケンシャル」とはどんな意味？

Oracleは各種情報を大量に持っています。その中にどれだけI/Oを行なったのかも記録されています。しかし、その情報の中に混乱しやすいポイントがあります。

たとえば、シーケンシャルアクセスをすると「db file scattered read」と表示され、ランダムアクセスをすると「db file sequential read」と表示されます。“scattered”は「分散した」という意味で、“sequential”は「逐次的な、連続的な」という意味です。アクセスの仕方と意味を考えると逆のように思えますが、これは表示が間違っているわけではなく、次のような意味があります。

Oracleはブロック単位でデータを読み込み、メモリ上に配置します。

シーケンシャルアクセスは「逐次（順を追って）読み込む」の意味の通り、複数のブロックを、間を抜かさずに読み込みます。このとき、読み込まれた複数のブロックはメモリ上の連続しない（分散した）箇所に置かれます。そのため“scattered”と表示されます。

それに対してランダムアクセスは読み込むデータブロックは1つで、必然的にメモリ上の連続した領域に置かれます。そのため“sequential”と表示されます。

一度の読み込みブロックがメモリ上でどのように配置されるかという観点で、呼び名を変えているんですね。

筆者はシーケンシャルという名前が、「シーケンシャルI/O」を指すように変えてほしいと思うのですが、いったん決まってしまった以上、今後も変わることはないでしょう。間違えやすいのでみなさんは覚えておいてください。

参考 マニュアル『Oracle Databaseパフォーマンス・チューニング・ガイド 18c』10.3.3 db file scattered readおよび10.3.4 db file順次読取り

1.5 まとめ

この章で押さえていただきたいのは次の3つです。みなさんには、これらのイメージが頭の中に浮かぶようになっていただきたいと思います。

- ディスクが回転しているイメージ
- ヘッドが動き、さらに回転待ちをするため、I/Oに時間がかかるイメージ
- インデックスにより、該当データにすぐアクセスできる（先頭から読まなくて済む）イメージ

この章で、ディスクは実は遅いこと、インデックスによって効率良くデータにアクセスできることがわかりました。これらが今後どのように展開していくのかは、次章以降に解説しますのでお楽しみに。1つだけ紹介しておくと、ディスクの遅さがSQL文の性能にできる限り影響しないようにするためにバッファキャッシュが存在します。これは第3章で説明します。

最後に、もっと深くディスクを学びたい方におすすめの記事を紹介します。

参考 ゼロからはじめるストレージ入門
http://ascii.jp/elem/000/000/457/457033/

現場のIT用語

玉、24365、オンプレ、オンプレミス

現場では、テキストに出てこない用語が頻繁に出てきます。そのような用語の意味はなかなか人に聞けないものです。ここでは、そんな現場の用語をいくつか紹介します。

●玉（たま）

ハードディスクのことです。円盤1枚（図1.1）のことではなく、全体のこと（図1.2）を指します。「100G玉」と言えば、100GBの容量を持つハードディスクのことを指し、2玉と言えば、2つのハードディスクという意味になります。この「玉」という言い方は頻繁に使われます。

●24365（にーよんさんろくご）

24時間365日稼働のシステムのことです。高可用性とセキュアな状態を保つための対策を必要とします。

●オンプレ、オンプレミス

コンピュータやシステムを自前で所持して運用することです。近年、インターネット上に仮想のサーバーを置く「クラウド」が広まってきたため、区別するための対義語として使われます。

COLUMN

ストレージデバイスのトレンド

データを保存しておくストレージデバイスとして、HDD（Hard Disk Drive）が長年使われてきました。近年、これに代わって急速に普及しつつあるのがSSD（Solid State Drive）です。

SSDはフラッシュメモリを用いたストレージデバイスです。HDDの磁気ディスクと違い、アドレスで示された格納庫にデータを保存します。よって、ディスクの回転などの物理的な動作を必要とせずに高速にデータの保存／取り出しができます。ディスクの回転部分など、機械的な構造を必要としないため衝撃にも強いです。その半面、SSDは容量あたりの価格が高価です。

最近では、大容量が必要なシステムではHDD、性能を重視するシステムではSSDを選択するケースが多くなっています。今後、技術進歩によりSSDの低価格化／大容量化が進むことが期待されます。

第2章

Oracleのさまざまなプロセス

前章では、ディスクの動作は遅いこと、インデックスの使用により効率の良いデータアクセスが可能になることを解説しました。この章では、Oracleを「倉庫業者」にたとえ、SQL*Plusなどの各種プログラムとデータをやりとりする仕組みを見ていきます。Oracleにはどのようなプロセスがあり、どのように並列処理を行なっているのかを理解してください。

2.1 Oracleの役割のイメージ

まずはOracle初心者の方の理解を助けるために、Oracleが担う役割について見てみましょう。ここでOracleを「倉庫業者」だとイメージしてください（図2.1）。顧客から荷物を預かり、荷物を倉庫に保管し、顧客からのリクエストに応じて荷物を顧客に返す会社です。

Oracleを含めたDBMS（データベース管理システム）も、「データを荷物のように預かり、要求に応じて返す」という意味では同じことをしているため、基本的な動作は似ているところが多いのです。

また、DBMSを使ったアプリケーションを作成した経験のない方は、次ページのコラム「DBMSを使うアプリケーション」も参考にしてください。

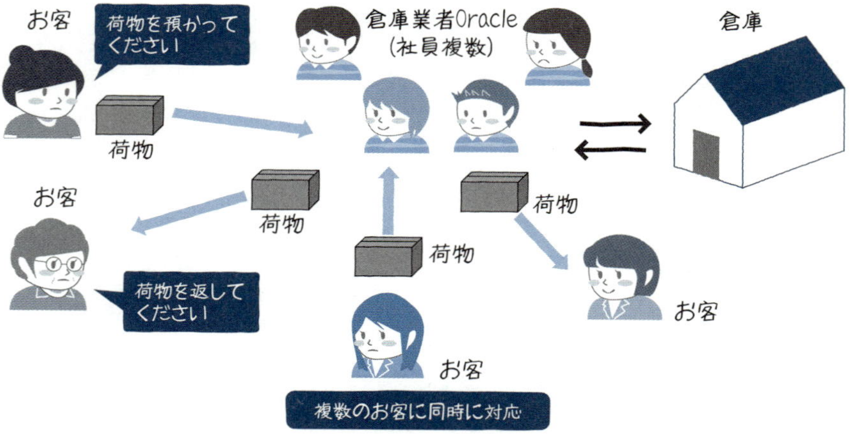

図2.1 「倉庫業者」としてのOracleのイメージ

COLUMN

DBMSを使うアプリケーション

DBMSを使うアプリケーションの作成経験を持たずにOracleを学び始める方もいるかもしれません。そのような方は多くの場合、

「システムにおいてデータベースはどのように使われているのだろう？」
「研修のテキストや本を読むと、Oracleの場合はSQL文の発行にSQL*Plusというものを使うらしいが、これをアプリケーションが使っているのだろうか？」

といった疑問を抱くようです。

まず、1つめの疑問に答えると、

「データベースはデータを格納する場所として使われていて、アプリケーションがデータを格納したい（もしくは、変更したい／取り出したい）ときに使われる」

です。ご存じのようにアプリケーションでは、業務処理や画面処理が行なわれます。これらの処理をしている最中に、アプリケーションが「このデータが欲しい（必要だ）」と思ったタイミングでデータベースにアクセスしてデータを取り出すのです。アプリケーションも変数という形でデータを格納できますが、あくまでもメモリ上で行なわれるため、普通は複数のアプリケーション間やプロセス間でデータを共有できません。そのため、多種多量なデータを扱うシステムにおいては、データベースを作ってデータの管理を任せてしまうのです。

続いて、2つめの疑問の答えは、

「実際のシステムにおいて、SQL*Plusをアプリケーションが直接使うことはほとんどない」

です。実際の多くのシステムで、アプリケーションはJDBC（Java Database Connectivity）やODP.NET（Oracle Data Provider for .NET）、Pro*C（Oracle向けのC言語プリコンパイラ）といったものを通してOracleにSQL文を発行します。多くの場合、SQL*Plusはデータベースの管理（表やインデックスの作成、人手によるデータの検索など）をするために使います[※1]。もう少しイメージをはっきりとつかんでいただくために、例としてアプリケーションがどのようにJDBCを使うのかをリスト2.1で解説します。

※1　ただし、例外としてスクリプトに組み込んでバッチ処理に使用することはあります。

リスト2.1　Javaがデータベースを使うイメージ

```
:
業務処理のコード
:
:
ここでデータベースのデータが必要になる
:

Connection conn = DriverManager.getConnection(url,user,pwd);
Statement st = conn.createStatement();
ResultSet rs = st.executeQuery("SELECT no, name FROM test WHERE ...");

:
取得したデータを使って業務処理再開
:
:
業務処理が続く
:
```

ここでDBMSにつなげる

この部分により、SQL文がDBMSに渡される。受け取ったDBMSは処理を実行して結果をアプリケーションに返すが、その結果は左のResultSetに格納される。以後、アプリケーションはこのResultSetのデータを使って業務処理や画面処理を行なう

2.2 データベースのデータはみんなのもの

2.2.1 現実に近いOracleのイメージ

ここまでの解説で、ディスクなどのイメージもすんなり頭に浮かぶようになったのではないでしょうか。次に、図2.1をもう少し現実に近いイメージにしてみましょう（図2.2）。

Oracleにとっての顧客である各種プログラム（SQL*Plusを含む）から、SQL文とその結果という形でデータがOracleに送受信されます。DBMSであるOracleは、そのデータをディスクを使って管理します。顧客である各種プログラムは複数存在でき、依頼を受ける立場であるOracleのプロセスも複数存在します。この「複数」という概念はDBMSを理解するにあたって重要です。

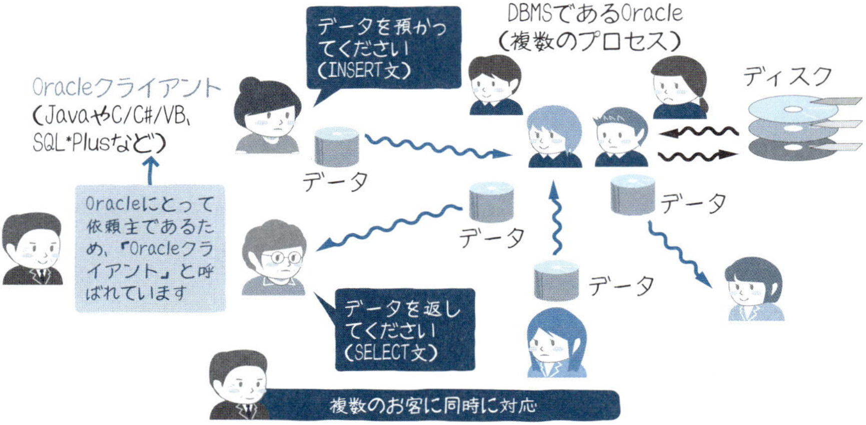

図2.2　図2.1を現実に近づけたOracleのイメージ

データベースを使わないアプリケーションのプログラミングでは、個々のプロセスが自分の持つ変数（データ）を処理するのが普通です。同じプログラムが複数実行されていても、実際には変数は個々のプログラム別に存在しているため、気にする必要はありません（図2.3）。そのため、ほかのプログラムのことを考えたりせず、好きにデータをいじってもかまわないのです。みなさんもプログラミングの際には、変数をロックするとか、「他人が使っているからこの変数は操作できない可能性がある」といったことは気にしないはずです（ただし、マルチスレッドのプログラミングを除きます）。

しかし、データベースではそうはいきません。複数のプロセスやユーザーが1つのデータベース（データ集合）にアクセスするからです（図2.4）。

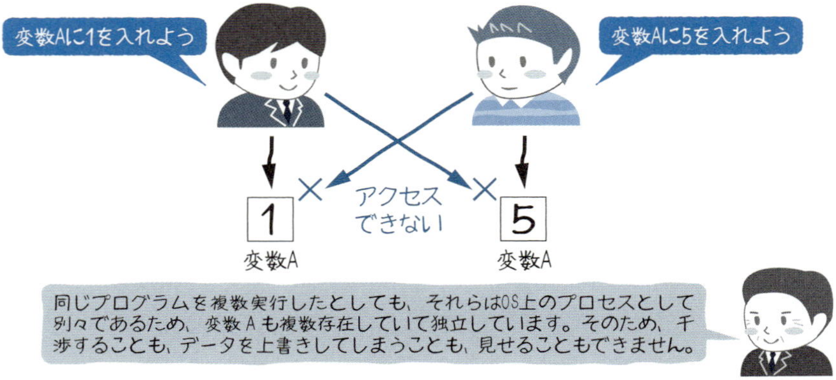

図2.3　一般のプログラムにおけるデータの扱い

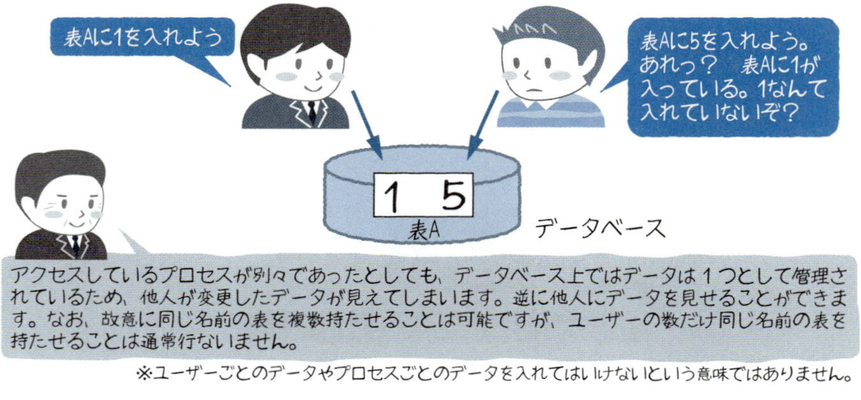

図2.4　データベースにおけるデータの扱い

たとえば、図2.5のような注文履歴という表（データ）があり、サイズは10GBで、この表を操作するユーザーが100人いるとします。お互いに操作を干渉し合わないように、100人分×10GBものデータを持てるでしょうか？　また、操作するユーザーがオペレータだとすると、あるオペレータが入力した注文データをほかのオペレータが見られなくても良いのでしょうか？

注文履歴表

管理ID	注文日付	顧客名	請求金額	• • • •	店舗名
1	2018/09/18	山田花子	18,000円		東京
2	2018/09/19	田中太郎	22,000円		神奈川
• •	• •	• •	• •		• •
500	2018/10/16	赤坂太郎	16,000円		千葉
501	2018/10/17	青山花子	8,000円		埼玉

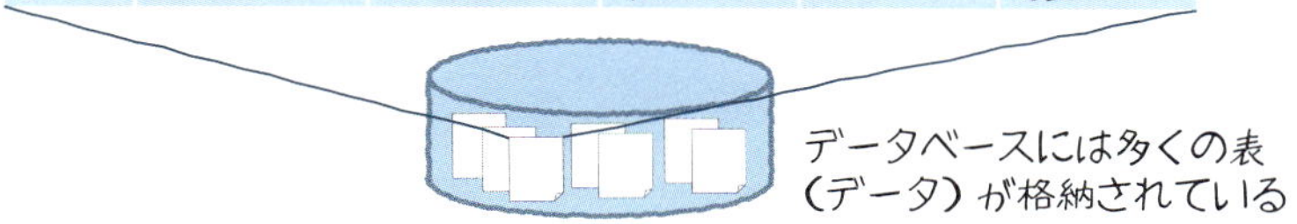
データベースには多くの表
(データ)が格納されている

図2.5　注文履歴表のイメージ

こういったことからわかるように、基本的にデータベースにデータを重複して持つことはせず、また持たせてはいけません。基本的な発想として、「複数のユーザーやプログラムがデータベースのデータを共有している」と考えることが大事です。

COLUMN

「プロセス」と「スレッド」って何？

プロセスとは、実行状態であるプログラムのことです。実行状態であるため、メモリなどのリソースも持っています。言い換えると実体化しているわけです。

プロセスのイメージを説明すると、プログラム通りに動く小人さんです。UNIX上で同じプログラムが複数実行されていても、それらは別々の小人さん（プロセス）となるため、CPUが複数あれば同時に処理されます。

それに対してスレッドとは、プロセス内に存在する実行単位のことです。1つのプロセス内で処理を並行して動作させたい場合に使用します。

どちらも並行して動くための仕組みですが、最大の違いはオーバーヘッドが大きいかどうかと、メモリを共有するかどうかです。スレッドの場合にはオーバーヘッドが少ないものの、メモリをスレッド同士で共有するため扱いに注意が必要です。

2.2.2 ExcelとDBMSの違い

初心者の方にとっては、データを管理するという観点から見ると、ExcelもDBMSもできることは似ているように感じるかもしれません。しかし、「複数ユーザーで管理する」という観点でExcelとDBMSを比較してみるとどうでしょう？

Excelは1つのPC上で動いていて、しかも単一のユーザーが操作するものです。最近のExcelでは複数人で同時作業できる機能もありますが、数千人、数万人同時に作業というのは現実的ではないですよね？　それに対してDBMSは、複数のユーザーやアプリケーションがデータを共有する前提で作られているため、数千人、数万人のユーザーが同時にデータを検索したり更新したりできます。そのような場合でもデータがおかしくならないように、ロックの仕組みを持っています。例を挙げると、「これからこのデータを変更するから、ほかの人にはデータを変更させない」とか、「ロックされているデータを操作しようとすると、ロックが解放されるまで待機する」といった仕組みがあります（図2.6）。

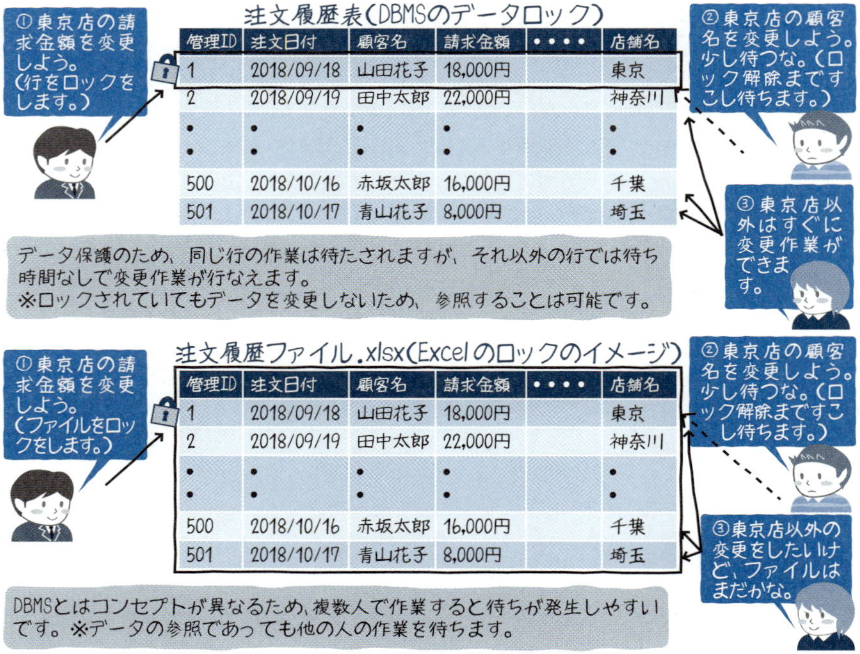

図2.6　データのロック

2.3 Oracleが複数のプロセスで成り立つ理由

なぜ、Oracleは複数のプロセスから成り立っているのでしょう？　別に1つのプロセスでも良いのではないでしょうか？

その理由の1つは、多重に処理したいからです。SQL処理は、長いものでは数時間に及ぶこともあります。その間､ほかのユーザーを待たせておくわけにはいきません。また、第1章で解説したように、ディスクはメモリアクセスに比べて速度が大変遅いのです（メモリではナノ秒の単位なのに対して、ディスクではミリ秒の単位）。その遅いI/Oが繰り返されている間、CPUなどのリソースを遊ばせてはもったいないため[※2]、可能であればほかのSQL処理を引き受けるべきです。

みなさんが何かを並列に処理したい場合にはどうしますか？　おそらく、コマンドであってもプログラムであっても同時に複数実行するかと思います。この複数実行するというのは、OS上では複数のプロセスという形になっているのが一般的です。Oracleも複数のプロセスを実行することで並列に処理します[※3]。

ただし、Oracleの場合は､同じプロセスが複数動作するわけではありません。実は､異なる役割を持ったプロセスも存在するのです。リスト2.2は、Oracleが動作しているUNIX上でのpsコマンドの結果です。

リスト2.2　psコマンドの結果（抜粋）

```
oracle    5099     1  0 18:03 ?        00:00:00 ora_pmon_ORCL
oracle    5133     1  0 18:03 ?        00:00:00 ora_dbw0_ORCL
oracle    5135     1  0 18:03 ?        00:00:00 ora_lgwr_ORCL
oracle    5137     1  0 18:03 ?        00:00:00 ora_ckpt_ORCL
oracle    5141     1  0 18:03 ?        00:00:00 ora_smon_ORCL
oracle    5231     1  0 18:03 ?        00:00:00 ora_tt00_ORCL
oracle    5233     1  0 18:03 ?        00:00:00 ora_arc0_ORCL
oracle    5237     1  0 18:03 ?        00:00:00 ora_arc1_ORCL
oracle    7307  7140  0 06:34 pts/2    00:00:00 sqlplus   as sysdba
oracle    7308  7307  0 06:34 ?        00:00:00 oracleORCL (DESCRIPTION=(LOCAL=YES)⏎
(ADDRESS=(PROTOCOL=beq)))
oracle    7309  7284  0 06:34 pts/1    00:00:00 sqlplus
oracle    7310  7309  0 06:34 ?        00:00:00 oracleORCL (DESCRIPTION=(LOCAL=YES)⏎
(ADDRESS=(PROTOCOL=beq)))
```

バックグラウンドプロセスと呼ばれるプロセス群（一部）

SQL文を実際に処理するサーバープロセスが2つ

OracleクライアントであるSQL*Plusが2つ

「共有サーバー接続」と呼ばれる構成にしない限り、Oracleクライアント1つに対して、サーバープロセスが1つ対応します。現実世界にたとえると、お客1人に対して担当者1人というぜいたくな構成になっています。しかしぜいたくなように見えても、実際にはOracleクライアントからSQL文が来ない限り、CPUをほとんど消費しないため、メモリ以外のリソース消費はほぼ皆無と言えます。

※2　この遊ばせてはもったいないという発想は、PCでは存在しない考え方です。コラム「リソースがもったいないという考え」も参考にしてください。
※3　Windowsの場合は、複数プロセスではなく、マルチスレッドで並列に処理します。以後、Windowsにおいては「プロセス」は「スレッド」に置き換えて読み進めてください。

COLUMN

リソースがもったいないという考え

本文で「CPUを遊ばせてはもったいない」という考え方を紹介しましたが、この考え方ができるかどうかがプロかどうかの分かれ目の1つと言っても良いくらいです。アプリケーションを作るにあたっては、まずアプリケーションが動かなければダメですし、レスポンス（応答速度）が速くなければダメということは理解できるでしょう。しかし、リソース（CPUやI/Oやメモリなどの限られた資源）の消費量が少なければ少ないほど良いという発想は、理解するのはもちろん、実践するのはさらに難しいものです。

システム開発でもアプリケーションを作る際には、たいていPC上でコーディングをします。その最初のテストはPC上か、どこかのサーバーで行ないます。このとき、ほかのプログラムは動いていないため、SQL文の処理時間が3秒であり、そのうちCPUを使っている時間が3秒であったとしても何の問題もありません。アプリケーションを作った人も、実行時間のほとんどがCPU時間だということに気づかないでしょう。

しかし、カットオーバー（開発終了し運用開始）直後、もしくは多重処理を行なうパフォーマンステストの段階で性能が出ないという事態になるはずです。いかにOracleのプロセスを増やしてSQL文を同時に動かそうとしたところで、CPUは限られた数しか存在しません。そのため、CPU消費量が多いSQL文と少ないSQL文を比較すると、消費量が少ないSQL文のほうが同時に多数動けるのです。実際、現場ではリソース不足というトラブルがよく起きています。

1台のPCで仕事をしている限り、複数の人間が同時にPCを使うということはないため、もったいないという考えをする必要はほとんどありません。そのため、初心者の方はどうしてもリソースという観点が抜けがちですが、システムに携わるのであれば1人前になるためにもぜひ覚えておいてください。

2.4 サーバープロセスとバックグラウンドプロセスの役割

2.4.1 バックグラウンドプロセスの仕事

Oracleは次の2つのプロセスで構成されています。

- サーバープロセス（SQL文を処理するプロセス）
- バックグラウンドプロセス（主にサーバープロセスを助けるプロセス）

ここでバックグラウンドがどのようにサーバープロセスを助けているのかイメージしていただくために、図2.7でいくつかのバックグラウンドプロセスの仕事を解説します。

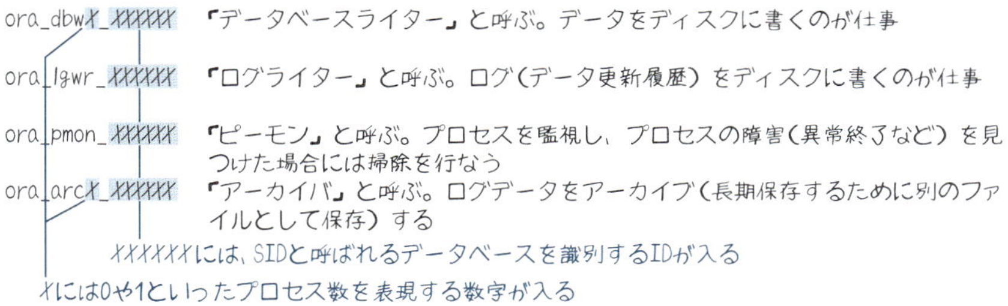

ora_dbwX_XXXXXX
「データベースライター」と呼ぶ。データをディスクに書くのが仕事
ora_lgwr_XXXXXX
「ログライター」と呼ぶ。ログ（データ更新履歴）をディスクに書くのが仕事
ora_pmon_XXXXXX
「ピーモン」と呼ぶ。プロセスを監視し、プロセスの障害（異常終了など）を見つけた場合には掃除を行なう
ora_arcX_XXXXXX
「アーカイバ」と呼ぶ。ログデータをアーカイブ（長期保存するために別のファイルとして保存）する
XXXXXXには、SIDと呼ばれるデータベースを識別するIDが入る
Xには0や1といったプロセス数を表現する数字が入る

図2.7　バックグラウンドプロセス（一部）とその仕事内容

ここまでで解説してきたOracleのイメージ図に、サーバープロセスとバックグラウンドプロセスを書き込んだのが図2.8です。顧客にあたるOracleクライアントと、Oracleクライアントのリクエスト（SQL文）を処理する（サービスする）サーバープロセスが存在します。

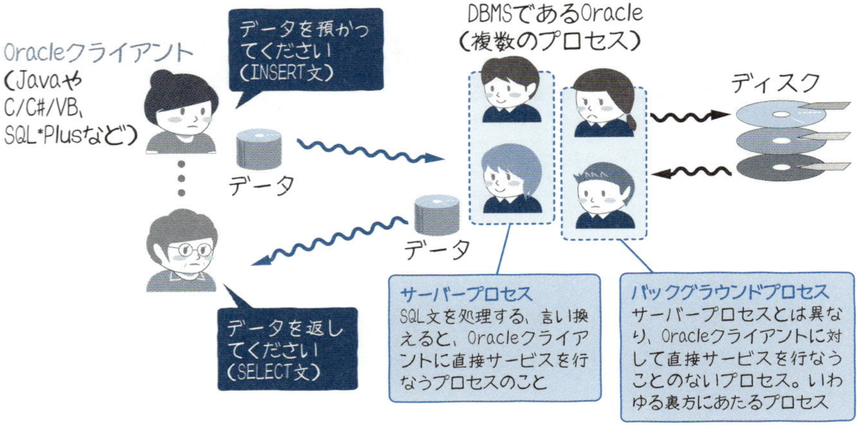

図2.8　Oracleのイメージ（サーバープロセスとバックグラウンドプロセス）

Oracleクライアントはサーバープロセスと通信（会話）します。そのため、サーバープロセスは一般の会社で言う「お客担当」に相当するわけです。そして、そのお客担当をサポートする各種裏方（バックグラウンドプロセス）が倉庫業者Oracleにもいるのです。どうでしょうか？　だいぶ、会社らしいイメージがわいてきたのではないかと思います。

2.5 各プロセスが行なう処理

どのプロセスがどの処理を担当するのかについて見てみましょう。Oracle内で行なわれている主な処理は、次の通りです。

①SQL文の受信
②SQL文の解析（どの表にどのようにアクセスすべきかを考える処理[※4]）
③データの読み込み（ディスクからの読み込み）
④データの書き込み（ディスクへの書き出し）
⑤SQL文の結果の返信
⑥ログの書き込み（データ更新ログのディスクへの書き出し）
⑦各種掃除（プロセスの異常終了などによる、誰も使っていないロックの解放など）
⑧ログの保存（アーカイブ）

ここで思い浮かべていただきたいのが、「顧客を最優先して考える営業担当者」のイメージです。この担当者は顧客のためなら作業を自ら行ない、関係ないことはいっさい行なわない、そんなイメージです。

サーバープロセスはサービスを行なうプロセスです。OracleはSQL文を速く処理しなければなりませんから、顧客を最優先して考える営業担当とほぼ同じような作業分担になっています。

2.5.1 SQL 文の処理に必要な作業

さて、SQL文を処理するために必要な作業はどれでしょうか？　先ほど挙げた一覧の番号で言うと、①②③⑤ですね（図2.9）。

※4　イメージがわかない方は、一種のコンパイルだと考えてみてください。DBMSであっても、SQL文をそのまま実行できないのです。

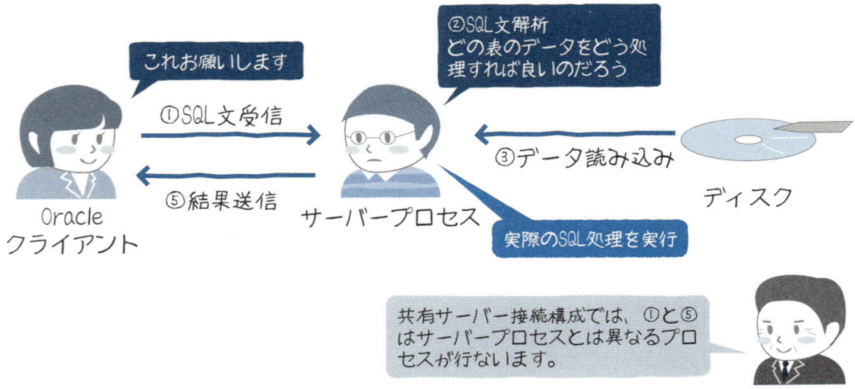

図2.9　SQL文の結果返信に必要な処理

SQL文を受信しなければ処理は始められず、解析と呼ばれる作業をしなければ、どの表にアクセスするのかさえわかりません。当然、ディスクからデータを読み込まなければデータを処理することもできません。また、せっかく処理しても、最後にデータや結果をOracleクライアントに渡さなければ終了にはなりません。ちなみに④のデータの書き込みは、SQL文の結果を返すためには不要で、時間を余計に使ってしまうため必要とは言えません（図2.10）。このように、SQL文の結果を返すために不要な処理は他人（ほかのプロセス）に任せてしまえば大丈夫です。

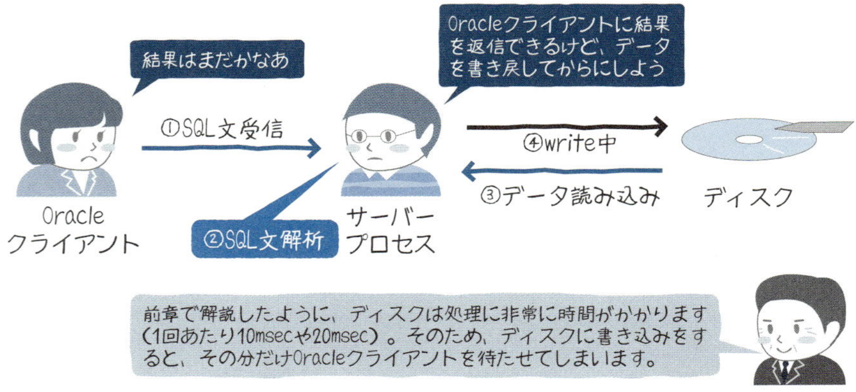

図2.10　結果返信の前にデータをディスクに書き戻すと？

先ほど解説した通り、ディスクにデータを書き込む仕事はDBWR（データベースライター）が行なってくれます。たとえると、顧客を最優先する営業担当者に替わって後片付けを行なうようなものです。サーバープロセスはディスクからデータを読み込みはすれど、書き込みはしない理由はこんなところにあるのです。

以上から、原則的な各プロセスの役割分担としては、SQL文の結果を返すために必要なものはサーバープロセスが行ない、それ以外はバックグラウンドプロセスが行なうということがわかります[※5]。なお、どのバックグラウンドプロセスがどんな仕事を行なうのかは、後の章で解説します。

現場のIT用語

フォアグラウンドプロセス

現場では、テキストに出てこない用語が頻繁に出てきます。そのような用語の意味はなかなか人に聞けないものです。ここでは、そんな現場の用語を紹介します。

● フォアグラウンドプロセス

サーバープロセスのことです。バックグラウンドと逆の意味であるサーバープロセスは、こう呼ばれることもあります。ただし、これは現場で使われているというよりは、Oracleのツールが表示する文章で使われている用語です。

昔は「シャドウプロセス」とも呼ばれていましたが、最近ではあまり聞かなくなりました。

※5 「原則的」と書いているように多少の例外はあります。なお、筆者がOracleを解説するのに人物の絵を好んで使うのは、このようにプロセスが同時に動きつつ、連携して処理をすることをわかりやすく表わすためです。

2.6 まとめ

この章で押さえていただきたいのは次の5つです。まとめると図2.11のようになります。

- データベースはみんなで共有するイメージ
- アプリケーションやSQL*PlusといったOracleクライアントが複数存在し、複数のSQL文がOracleに渡されるイメージ
- Oracle上で複数のSQL文が同時に動くイメージ（PC上のExcelとは違う）
- サーバープロセスはSQL文の結果をできるだけ速く返すように仕事をする（顧客最優先の営業のイメージ）
- サーバープロセスを助けるバックグラウンドプロセスが存在する（裏方のイメージ）

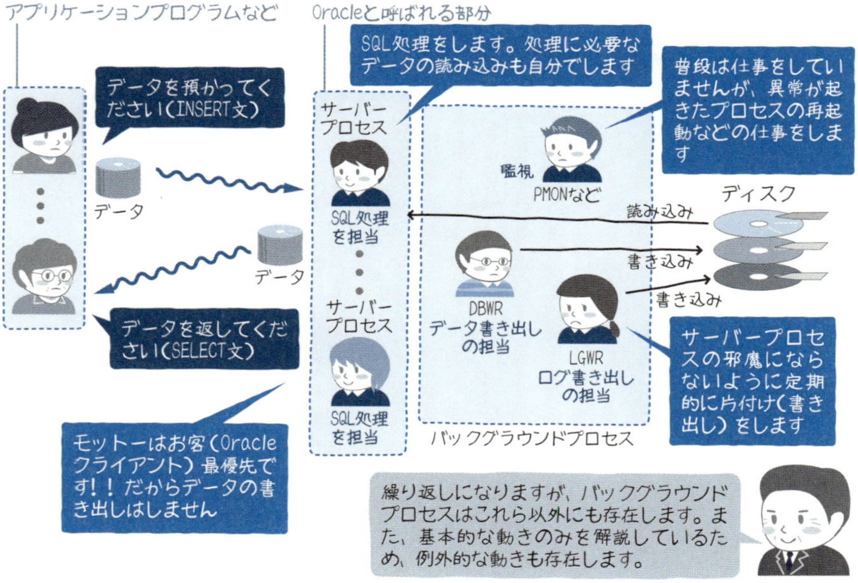

図2.11　Oracleを構成するプロセスとその動き

この章のテーマである「Oracleにはどんなプロセスがあるの？」を理解できたでしょうか？　第1章ではOracleのアーキテクチャを理解するためのキーワードを3つ紹

介しましたが、実はこの章の内容はそのうちの2つ、「並列処理を可能にし、高スループットも実現」と「レスポンスタイムを重視」に該当していたのです。

筆者は「動作のイメージを持て」と頻繁に言っていますが、これが本当に現場で役立つのかと疑問を感じる方もいるでしょう。そこで、どのように役に立つのかを少しだけ解説します。この章の内容を思い浮かべながら、次の質問と解答を読んでみてください。

Q1 チューニングでは、どのプロセスを見るべきですか？

A1 まず見るべきは実際に処理をしているサーバープロセスです。バックグラウンドプロセスは、サーバープロセスの邪魔をしていない限り見る必要はありません。

Q2 OSから見ると、サーバープロセスがディスクから大量に読み込みをしていることが判明しました。これは異常と言えるでしょうか？

A2 異常とは言えません。サーバープロセスはディスクからデータを読む仕事をするため、読み込んでいること自体は異常ではありません。あとは、大量に読み込んでいるということがSQL文（依頼内容）から考えて妥当かどうかを調べれば良いでしょう。

意外とすんなり理解できた、もしくは答えが予想できたのではないでしょうか？このように動作のイメージを持つことやアーキテクチャを知ることは、現場での応用にもつながるのです。

次章のテーマは「なぜ、バッファキャッシュが必要なの？　DBWRは何をしているの？」です。

COLUMN

Oracle RACとは？

Oracleを学ぶ上で、Oracle RACという言葉を目にしたことがある方は多いのではないでしょうか？

RACとはReal Application Clustersの略称で、Oracle Clusterwareを用いたOracle Databaseのクラスタ化技術のことです。簡単に言うと複数のサーバー上で稼働するインスタンスを1つのデータベースとして扱うことができます。複数のサーバーで構成されていますが、データ一貫性を担保するために、ストレージは共通のものを使用します。

一般的に複数インスタンスでの構成をRAC構成、1インスタンスでの構成をシングル構成と呼びます（図2.A）。

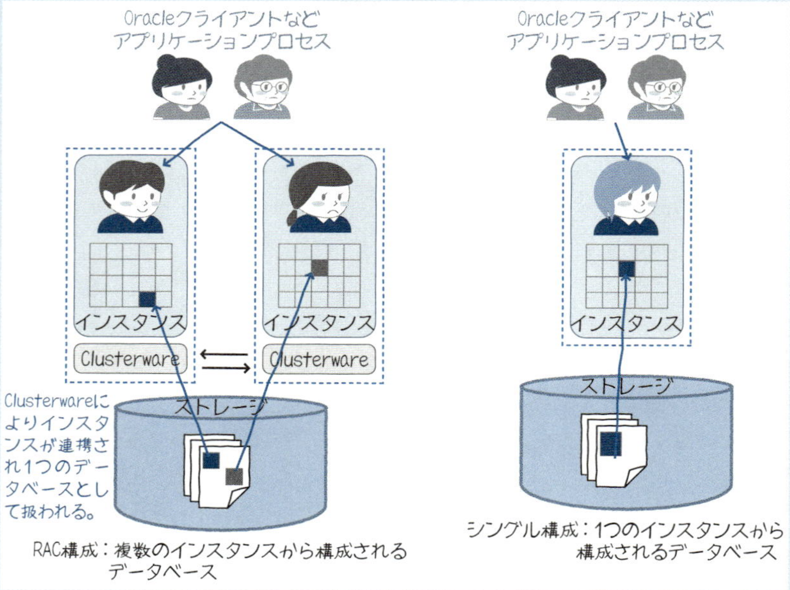

図2.A　RAC構成とシングル構成

一般的なHA（High Availability：高可用性）構成と比較してRAC構成が特徴的なのは各サーバーはアクティブ／スタンバイ構成ではなく、アクティブ／アクティブで構成されるため、サーバーのCPUやメモリといったリソースを100%活用できることです。つまり、2台以上の安価なサーバーが、1台のより強力な（より高価な）サーバーのように動作します。使えるならリソースは使えたほうがお得ですよね。

そして、障害に対しての可用性が向上します。1つのインスタンスに障害が発生した場合でも、残りのインスタンスで処理を続行するため、DBMSとしては継続運用することが可能です。

また、RACを構成するサーバーを追加／削除することが可能です。サーバーを追加するということは、CPUとメモリを追加することに相当し、当然、可用性も向上します。システム要件の変更に応じて柔軟に対応できる点も魅力です。

勘の良い方は、ストレージが共通のためサーバーごとの更新情報はディスクに書き出されるまで、ほかのサーバーから参照できないのでは？と思うかもしれません。RACのアーキテクチャではメモリにキャッシュされているブロックをサーバー間で共有し合うことで、ディスクのI/Oを待たずにデータの一貫性は担保される仕組みを有しています（図2.B）。

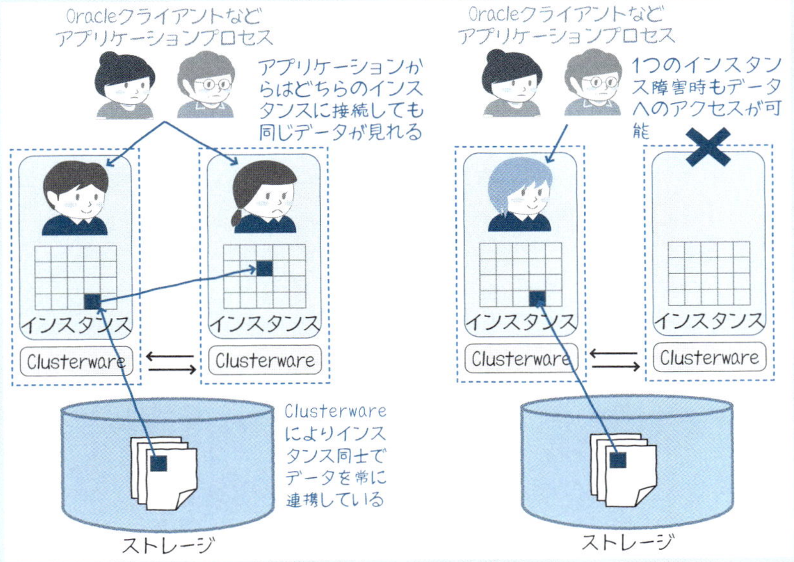

図2.B　高可用性とデータ一貫性

第 3 章

キャッシュと共有メモリ

前章で、Oracleは主にSQL文の処理を担当するサーバープロセスと、サーバープロセスを助ける裏方であるバックグラウンドプロセス群から構成されていることを解説しました。この章では、SQL文を高速に処理するOracleのデータキャッシュ機能（バッファキャッシュ）について見ていきます。また、Oracleのプロセスがキャッシュを共有するために利用される特殊なメモリ機能（共有メモリ）についても見ていきます。

3.1 なぜ、キャッシュが必要なのか？

この章のテーマを説明する前に、必要となる知識のおさらいをしましょう。ディスクはアクチュエータ（アーム）を動かしてデータを読み書きします（図3.1）。Oracleはディスクに対して読み書きを依頼します。このOracleは複数のプロセスから構成されていて、同時にSQL文を処理できます。

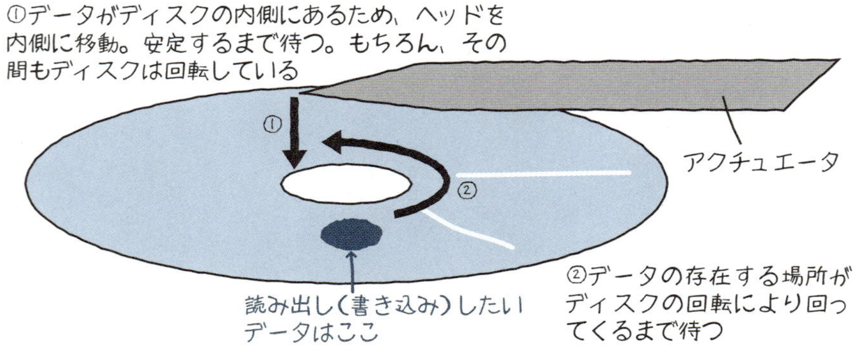

図3.1　ディスクのI/O処理に必要な動作

また、プロセスには役割分担があり、主にSQL文の処理をいかに速く処理するかに専念しているサーバープロセスと、それを助けるバックグラウンドプロセスが存在します。以上をまとめたのが図3.2です。

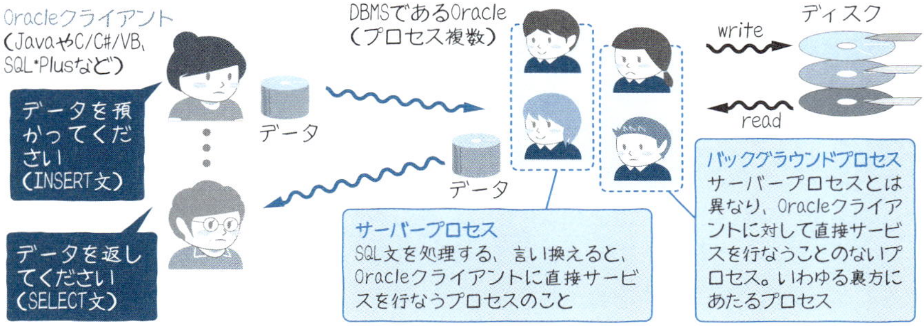

図3.2　Oracleの構成（サーバープロセスとバックグラウンドプロセス）

第1章で、ディスクの動作は大変遅く、1回のI/Oあたり10msecや20msecかかってしまうと解説しました。このディスク処理をできるだけ行なわないようにするために、「キャッシュ」と呼ばれる技術が使われています。

キャッシュは最も簡単なチューニング項目であり、よく知られている機能ですが、そのアーキテクチャを正しく理解していないと、思わぬところで「キャッシュにヒットせず性能が出ない」といった事態を招いてしまいます。動作をしっかり把握して、データベースの性能を引き出してあげましょう。

3.2 そもそもキャッシュって何？

まずは、一般的なIT用語としてのキャッシュから見ていきましょう。

一般にキャッシュは「作業場」や「作業机」にたとえられることが多いようです。みなさんが仕事をする際には、頻繁に使う道具や本をそのつど机の引き出しや本棚から出し入れすることはしないでしょう。頻繁に使うのであれば机の上なり、手の届くところに一時的に置きますよね。キャッシュの目的もこれと同じです。頻繁に使うデータは毎回ディスクから取り出したりせずに、キャッシュと呼ばれるメモリに置いてすぐ使えるようにしておくのです。図3.3は、メモリ（キャッシュ）とディスクとCPUの関係を表わしたものです。

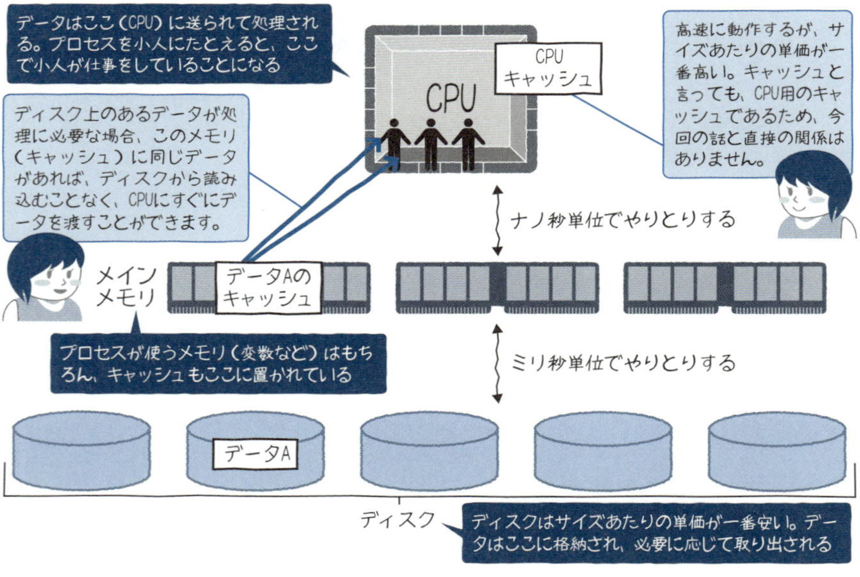

図3.3　メモリ（キャッシュ）とディスクとCPUの関係

次に、Oracleにおけるデータのキャッシュ（「バッファキャッシュ」と呼ばれています）の動きを見てみましょう。サーバープロセスが欲しいデータがバッファキャッシュに存在する場合（図3.4）と存在しない場合（図3.5）の違いを確認してください。キャッシュにヒットしない場合は、動作の遅いディスクからデータを読み出すしかないため、その分だけSQL文処理が遅くなってしまいます。

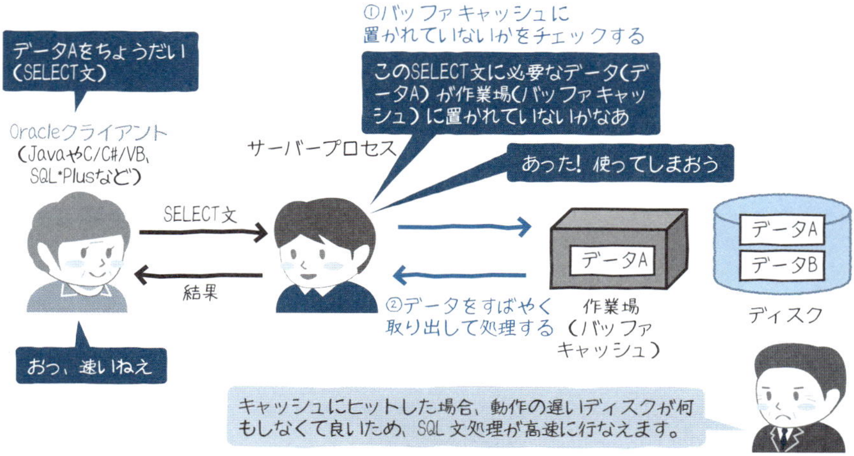

図3.4　バッファキャッシュにヒットする（データが存在する）場合

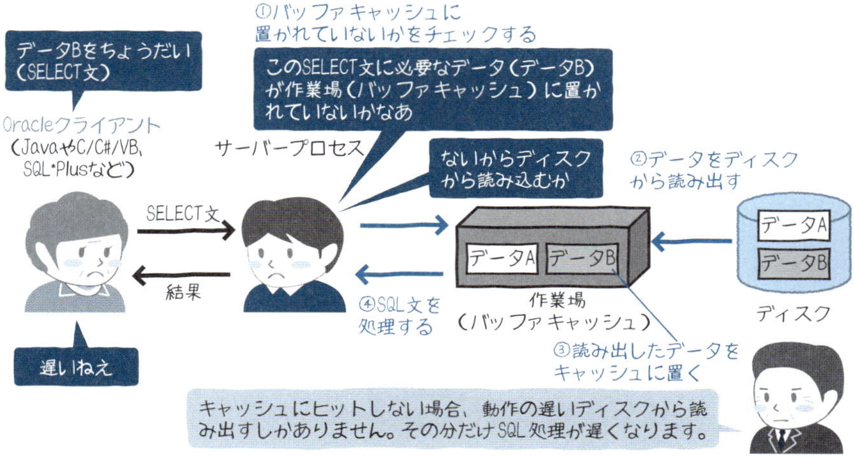

図3.5　バッファキャッシュにヒットしない（データが存在しない）場合

3.3 データはブロック単位で管理する

Oracleは「ブロック」という単位でデータを管理します。I/Oの単位もブロックに基づいていますし、バッファキャッシュもブロック単位で管理されています。ブロックのイメージは「整理用の箱」です。小さくて数の多いものを整理するとき、いくつかの箱を用意してその中に収納することがあります。Oracleのデータは、数バイトから数千バイト以上までの「行」として数多く存在するため、Oracleもブロックという箱を用意して格納しているのです[※1]。Oracleブロックの大まかな構造は図3.6の通りです。

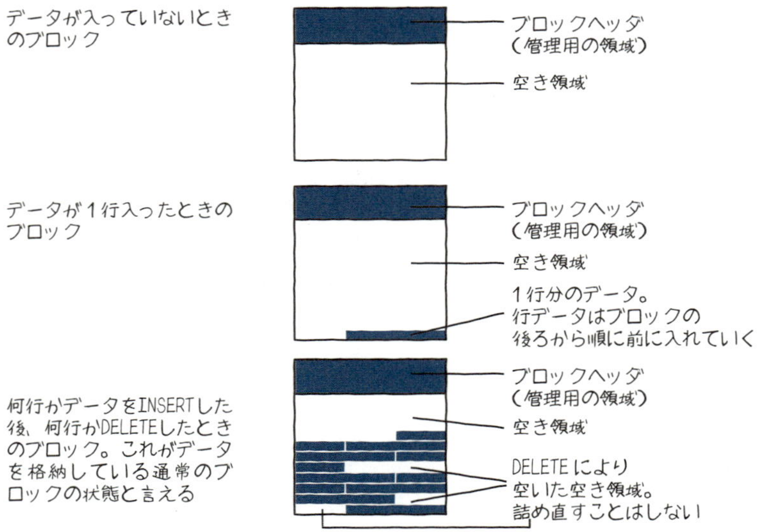

図3.6 Oracleブロックの大まかな構造

図のように、1つのブロックには複数の行が格納されているため、1行だけをディスクから読み込むためだとしても、欲しい行を含むブロックごとキャッシュに置かれます。なお、ブロックサイズは2KB、4KB、8KB、16KB、32KBといったサイズから選べます。データの大容量化やキャッシュの大容量化により、最近のシステムでは8KBを採用することが多くなっています。ただし、大きな表をシーケンシャルアクセスで読み込まなければならないようなデータウェアハウスなどでは、16KBや32KBといったサイズが選ばれることもあります。

※1 OSのブロックではなく、Oracle独自のブロックです。

3.4 キャッシュの利用でインデックス検索が効率的に

表だけではなく、インデックスもブロックからできています。インデックスが1ブロックに収まらない場合は、複数のブロックで構成されます（図3.7）。よほど小さいインデックスでない限り、図3.7のように多段の構造になります。

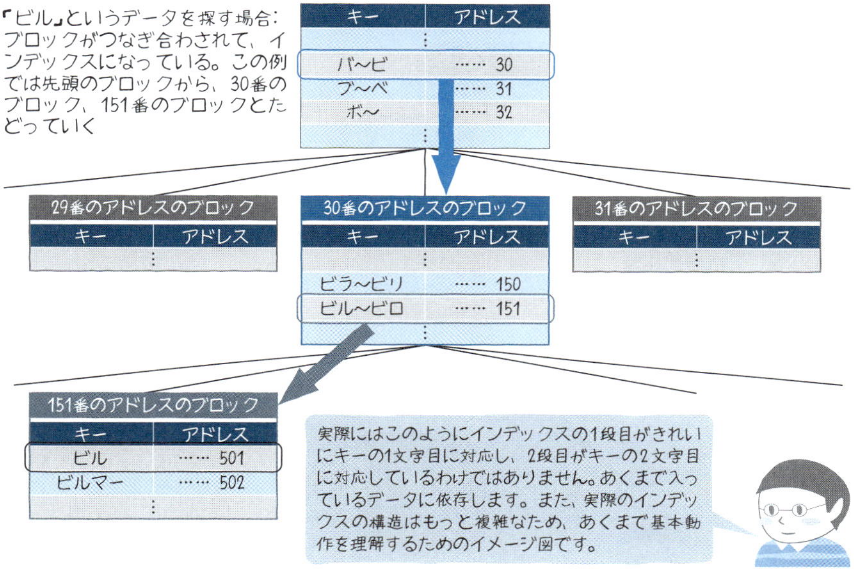

図3.7　多段のインデックスの構造

ここで、インデックスを3段とし、これらのインデックスを使って1つの表から1行だけを取り出すSQL文にかかる時間を見積もる例を考えてみましょう。表の1ブロックも含めて合計4ブロックを処理しなければならないため、1回のI/Oを10msecとすると、キャッシュに載っていない場合はI/Oだけで40msecになります（図3.8）。

それに対してこのような軽いSQL文の処理に必要なCPU時間は、1.2msec程度です[※2]。トータルでは、キャッシュがない場合にかかる処理時間が41.2msecで、キャッシュにデータがある場合にかかる処理時間は1.2msecです。いかにキャッシュの効果が高いかということ、また、キャッシュに気をつけなければいけないことがご理解いただけるでしょう。

※2　CPUの種類やクロック、OSや各種条件により異なるため、あくまで1つの例です。

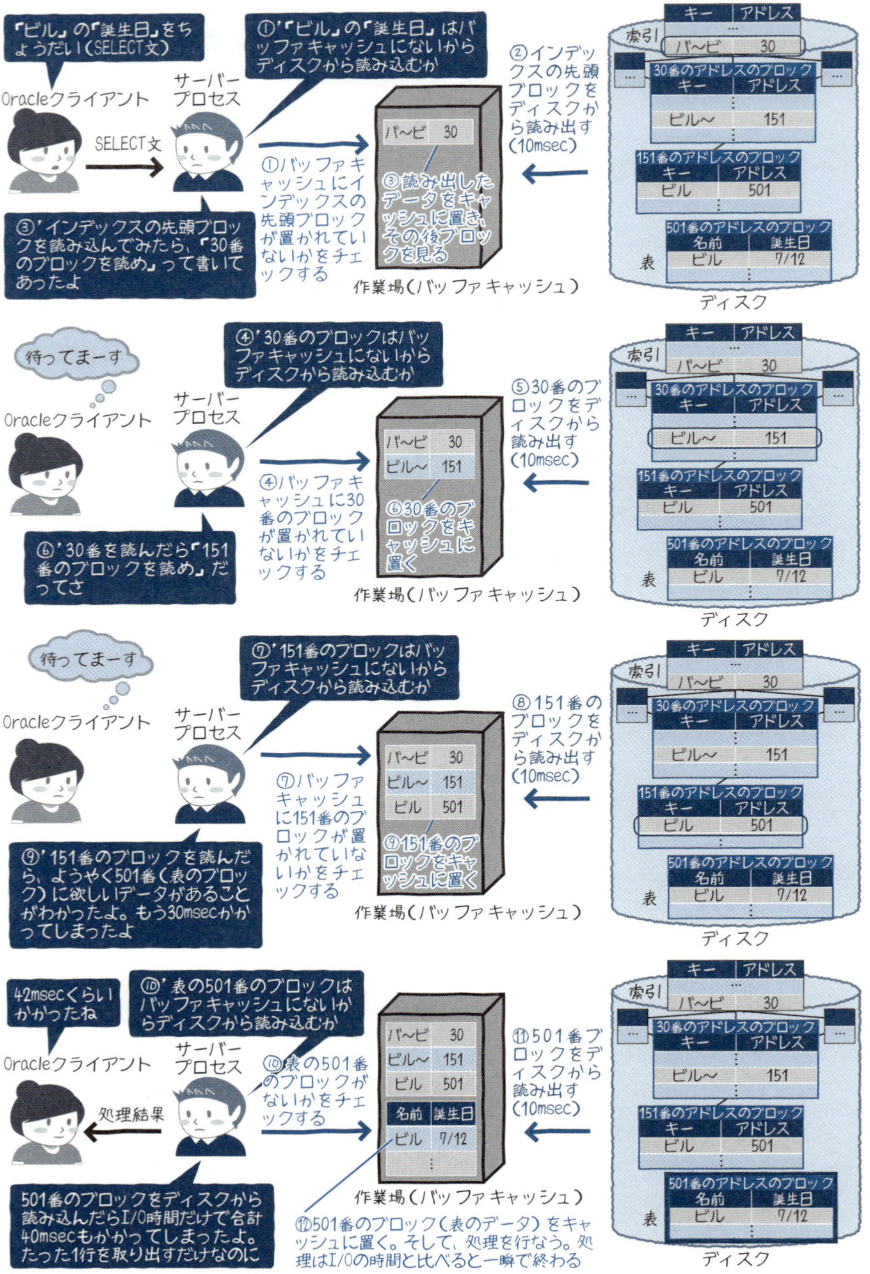

図3.8　多段のインデックスを使ってデータを1件取り出す例

3.5 プロセスはキャッシュを共有する

キャッシュをプロセスごとに持ってしまうと無駄が多く、ほかのプロセスが変更したデータを見られないといったさまざまな不都合が起きます。そこで、どのOracleのプロセスからも見ることができるメモリをキャッシュとしています。

しかし、ご存じの方もいると思いますが、ほかのプロセスのメモリを見ることは原則的にできません。データを壊したりしないようにOSが守っているためです。これではDBMSにとって都合が悪いため、OSの機能として特殊なメモリ機能が提供されているのです。それが「共有メモリ」です。この共有メモリを使うと、自分のメモリ領域に書いたはずのデータが、即座にほかのプロセスからも見えるようになります（図3.9）。

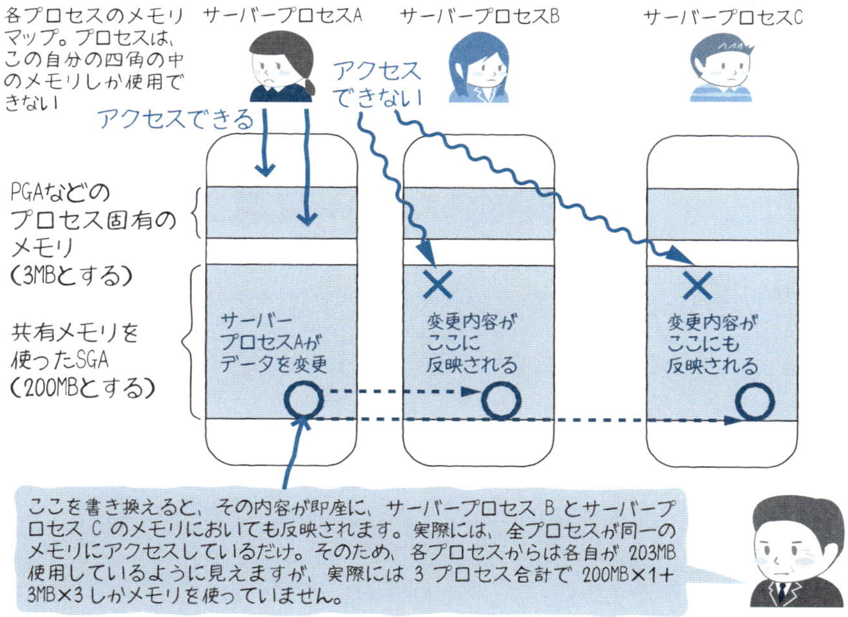

図3.9　共有メモリのイメージ図

共有メモリを理解するためのポイントは、実際のメモリは1つであることです。各プロセスからは自分のメモリのように見えますが、実際には全プロセスが同じメモリ領域にアクセスしているのです。また、Oracleではこの共有メモリを「SGA（システムグローバルエリア)」、共有ではないメモリの一部(図3.9の3MBの一部)を「PGA(プログラムグローバルエリア)」と言います[※3]。

共有メモリは便利な上、プロセスから構成されているDBMSにとっては必須の機能です。しかし、誰からもアクセスできるため、ロックをかけて排他制御をしないとデータを壊しかねません(図3.10)。そのため、DBMSでは内部的なロックによりデータを保護しています。これが、DBMSの内部がロックのかたまりであり、内部的なロックにより性能トラブルが発生しやすくなっている一因です。

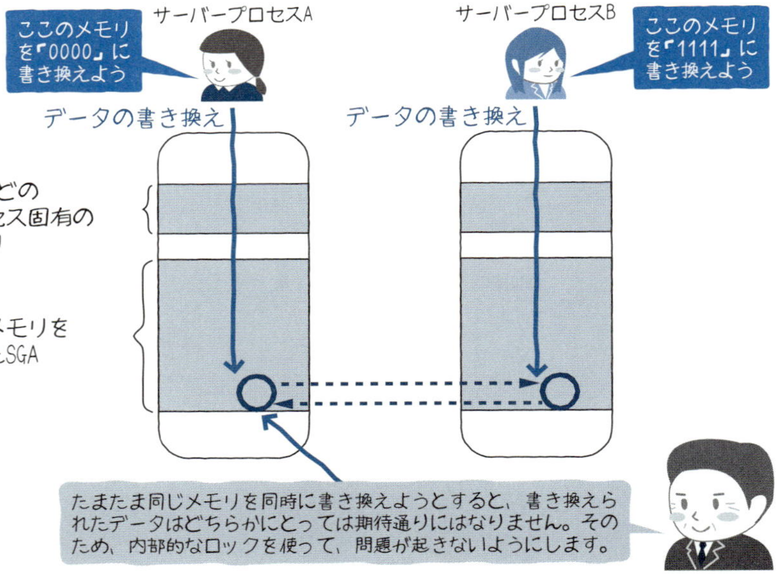

図3.10 内部的なロックが必要な理由

※3 PGAはサーバープロセスごとに存在するメモリで、各サーバープロセス固有のデータを格納します。SGAはプロセスが共有すべきデータを格納するメモリです。

3.6 共有メモリに必要な設定

共有メモリの概要がつかめたところで、設定方法を見てみましょう。Oracleの設定ファイルである、spfile*XXXX*.ora（*XXXX*にはデータベースを識別するIDが入る）には、バッファキャッシュのサイズを設定する「DB_CACHE_SIZE」というパラメータがあります[※4]。

前述の通り、バッファキャッシュのサイズは性能に直結するため、慎重に決定する必要があります。このサイズをどうすべきかについては、次ページのコラム「最近のバッファキャッシュサイズの考え方」や「3.9　OracleだけでなくOSやストレージについても考えよう」を参照してください。なお、共有メモリにはバッファキャッシュだけではなく、共有プールやログバッファといった領域も少量ながら存在します。これらについては、次章以降で解説していきます。

一部のOSを除き、Oracleをインストールする際はリスト3.1のようにOSに対して設定が行なわれている必要があります。

リスト3.1　共有メモリの設定確認例（Linuxの場合）

```
# /sbin/sysctl -a | grep shm
kernel.shmall = 2097152
kernel.shmmax = 4294967295
kernel.shmmni = 4096
```

実はこれ（「shm」から始まる設定）が共有メモリの設定

通常はマニュアルに従って設定しておけば問題ないため、各パラメータの解説は省きます。なお、この設定値については、各OS用のOracleマニュアル[※5]を参照してください。というのも、共有メモリはOSが提供している機能のため、OSごとに設定が異なるからです。

少し話がそれますが、データベース管理者（DBA）であれば、Oracleのメディアに付いてくるリリースノートや、各OS用のOracleマニュアルは必ず読むようにしてください。制限事項や気をつけなければならない点などが書いてあります。

※4　バッファキャッシュのサイズを設定するパラメータとして、「DB_BLOCK_BUFFERS」というパラメータも存在しますが、Oracle 12.2より非推奨となっています。
※5　Linux OSであれば、『Oracle Database インストレーション・ガイド18c for Linux』と『Oracle Database管理者リファレンス18c for Linux and UNIX-Based Operating Systems』です。

COLUMN

最近のバッファキャッシュサイズの考え方

これまで解説したように、バッファキャッシュの設定は性能に直結するため、非常に重要です。そうなると、みなさんはどのようにバッファキャッシュサイズを見積もるべきかという点が気になってくるかもしれません。

新規にデータベースを作成する場合など適切なサイズがわかっていない場合には、最初に大まかに見積もり、代表的なワークロードを実行してみて関連する統計をもとに調整する方法があります。

その際にヒントとなるのはキャッシュサイズごとに物理読み込み数を予測するバッファキャッシュアドバイザ（V$DB_CACHE_ADVICE）やバッファキャッシュ内で要求されたブロックが検出された頻度を示すバッファキャッシュヒット率などです。バッファキャッシュのチューニングの詳細を知りたい方は以下のマニュアルを参照ください。

参考 マニュアル『Oracle Databaseパフォーマンス・チューニング・ガイド 18c』
13 データベース・バッファ・キャッシュのチューニング

実は、バッファキャッシュサイズを設定しないアプローチもあります。負荷に応じてOracleに自動調整させる方法です。共有メモリ（SGA）にはバッファキャッシュ以外にもSQLの解析結果が格納される共有プールなどいくつか役割の異なる領域が存在しており、個別に設定する場合はそれぞれのサイズの検討が必要になってしまいます。これらのサイズを個別に設定するのではなく、SGAサイズのみ指定してその中での配分はOracleによしなに調整させるのが「自動共有メモリ管理」という管理方法です。（PGA内の領域を自動管理する「自動PGAメモリ管理」や、SGAとPGA間の割り当ても自動調整させる「自動メモリ管理」という機能もあります）。

これを使用すると難しい見積もりをしなくてもOracleが負荷に応じて調整してくれるため、最近ではよく見かけるようになりました。なお、筆者としては、自動共有メモリを設定する際には合わせてDB_CACHE_SIZEを設定する設計をおすすめします。自動共有メモリを設定した状態でDB_CACHE_SIZEを指定すると下限値として機能するため、バッファキャッシュがうっかりほかの領域に食いつぶされて性能劣化を起こす事態を防ぐことができるためです。

3.7 共有メモリはどんなふうに見える？

特殊なメモリであることがわかったと思いますが、共有メモリはpsなどのコマンドで見た結果も特殊です。全プロセスの各々に共有メモリのサイズが含まれて見えるOSや、まったく含まれていないように見えるOSもあります。たとえば、Linuxではリスト3.2のように見えます。

リスト3.2　psコマンドで見た各プロセスのメモリサイズ（Linux）

ここが各プロセスの仮想メモリサイズ（KB）

ここが各プロセスのメモリの実際の使用サイズ（KB）

```
USER        PID %CPU %MEM     VSZ   RSS TTY      STAT START   TIME COMMAND
oracle    18004  0.0  0.2  118764 18856 pts/0    S+   11:20   0:00 sqlplus
oracle    19022  0.0  0.7 3175564 54616 ?        Ss   Sep01   1:14 ora_pmon_ORCL
oracle    19024  0.0  0.7 3175564 54544 ?        Ss   Sep01   0:26 ora_clmn_ORCL
oracle    19026  0.0  0.7 3175564 57500 ?        Ss   Sep01   3:46 ora_psp0_ORCL
oracle    19028  1.6  0.7 3175564 57496 ?        Ss   Sep01 350:08 ora_vktm_ORCL
oracle    19032  0.0  1.1 3195124 84760 ?        Ss   Sep01   1:19 ora_gen0_ORCL
oracle    19034  0.0  0.7 3175564 57956 ?        Ss   Sep01   0:26 ora_mman_ORCL
oracle    19038  0.0  0.7 3297592 58616 ?        Ssl  Sep01   6:35 ora_gen1_ORCL
oracle    19041  0.0  0.7 3175564 54340 ?        Ss   Sep01   0:51 ora_diag_ORCL
oracle    19043  0.0  0.7 3297588 56568 ?        Ssl  Sep01   0:23 ora_ofsd_ORCL
```

リスト3.2は、仮想メモリ（VSZ）を見ると各プロセスが3GBほど使用しているように見え、全プロセスを合計すると大量のメモリを使用しているように見えます。しかし、実際にはそんなことはありません。ここには共有メモリの使用量が重複して計上されています。実際のデータベースの管理では、こういった点にも気をつけてください。

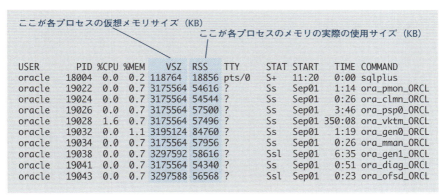

COLUMN

「セマフォ」って何？

共有メモリの設定と同様、呪文のように見えるのが、セマフォの設定です（リスト3.A）。セマフォとはOSが提供するリソース管理の仕組みの一種で、リソースの数に対して使いたいプロセスの数が多い場合には、先着順にリソースを使用させるといったプロセスの制御が行なえます。複数のプロセスが動作するOracleでも、プロセスの制御にセマフォが使われています。

リスト3.A　OSに対して行なうセマフォの確認例（Linuxの場合）

```
# /sbin/sysctl -a | grep sem
kernel.sem = 250 32000 100 128
```

これ（「sem」から始まる設定）がセマフォの設定

セマフォも基本的にはマニュアル通りに設定すれば問題ありませんが、Oracle以外のアプリケーションでも使用されることがあるため、Oracle起動時にセマフォが不足している旨のメッセージが出た場合には増やすことも検討しましょう。また、誰も使用していないセマフォがOS上に残ってしまうこともあるため、掃除しなければならない場合もあります。その際には、ipcsコマンドやipcrmコマンドを使ってDBAが掃除することになります。

3.8 バッファキャッシュを掃除するLRUアルゴリズム

バッファキャッシュは頻繁に使うデータのためにあります。また、バッファキャッシュのサイズは無限ではありませんから、誰かが何らかの方法で管理や掃除をしなければなりません。キャッシュに用いられるアルゴリズムとして一般に知られているのが、「LRU（Least Recently Used）アルゴリズム」です。簡単に言うと、最近使われていないデータからキャッシュアウト（捨てていく）するアルゴリズムです。OracleもバッファキャッシュにLRUアルゴリズムを用いています。OracleはLRUに基づくブロックのリストを持っていて、どのブロックが最近使われていないのかを把握しています。動作は図3.11の通りです。

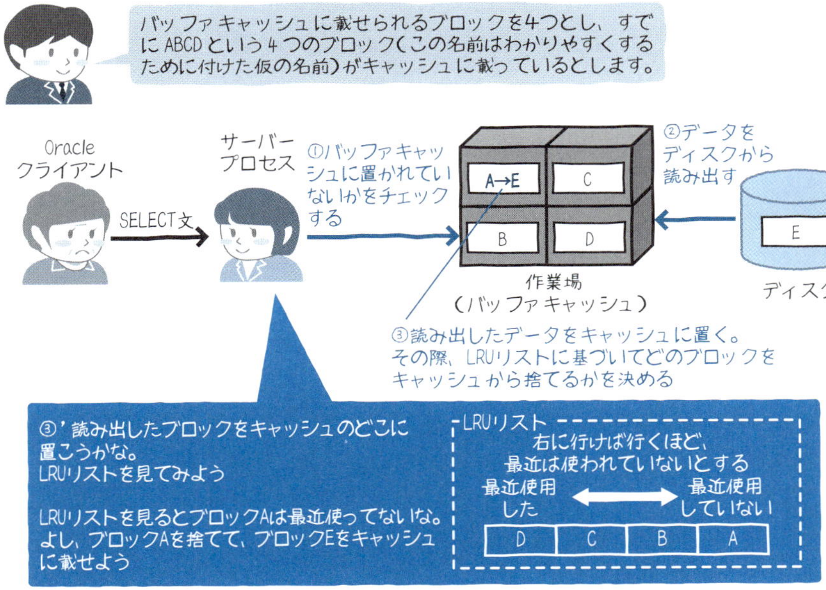

図3.11 LRUアルゴリズムによるキャッシュの管理の例

読み込みだけであればこの動作で十分ですが、Oracleのサーバープロセスは変更したデータ（ブロック）もキャッシュに置きます。これは第2章で解説した「基本的にサーバープロセスはディスクからのデータ読み込みはするが、ディスクへの書き込みはしない」という動きになります。では、誰がディスクにデータを書き込むのでしょうか？

答えはバックグラウンドプロセスのDBWR（データベースライター）です。ただし、変更済みデータは、ディスクに書き込む前にキャッシュから捨ててしまうとデータ消失になってしまうため、キャッシュから捨てられる前に（できれば定期的に）ディスクに書き込んでおく必要があります。そこでDBWRはディスクに負荷をかけないよう気をつけながら、定期的に変更済みのデータをディスクに保存します（図3.12）。

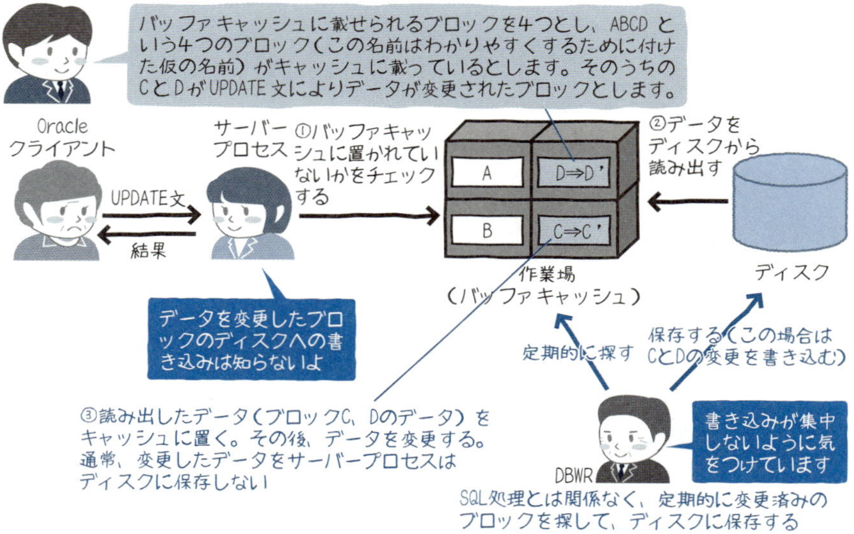

図3.12　データが変更されたブロックをディスクに書くのはDBWR

なお、頻繁に使われないデータをバッファキャッシュに置いておく必要はありません。具体的には大きな表のフルスキャンのデータは、置いておいてもキャッシュヒットすることは少ないですし、フルスキャンのデータを置くことによって、頻繁に使われるデータをキャッシュから追い出してしまうことになります（図3.13）。そのため、Oracleは大きな表と判断すると、バッファキャッシュにブロックを配置しません。このような事情から、一般にフルスキャンした際のデータはバッファキャッシュに載っていないものと考えてください。

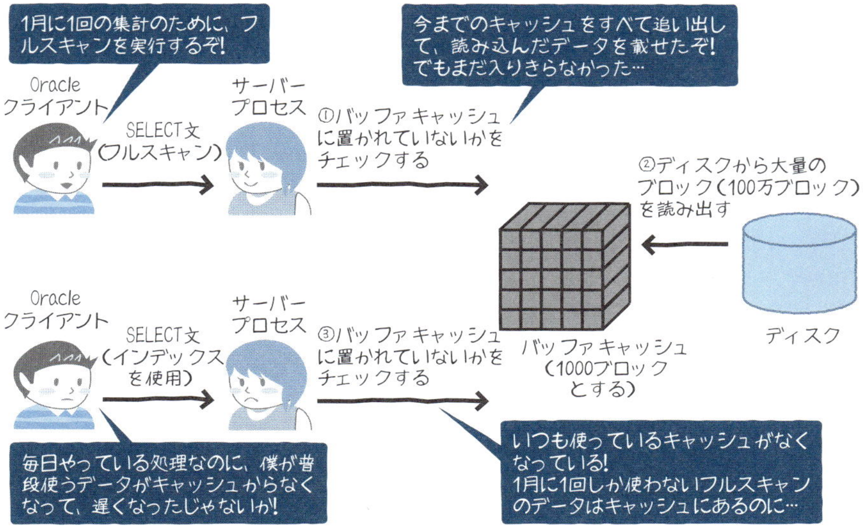

図3.13　もし、フルスキャンしたデータをキャッシュに置いてしまうと

3.9 Oracleだけでなく OS やストレージについても考えよう

せっかく、応用の利くエンジニアになるために必要なOracleのアーキテクチャ／動作に重点を置いて解説しているため、ここでもう少し視野を広げてOSやストレージに関係するアーキテクチャ／動作まで踏み込んでみましょう。

最近、注目を浴びているのがストレージのキャッシュです。もちろん、ストレージからのデータの読み出しは高速になりますが、それだけではなく書き込みも高速になるのです。というのも、本来であればディスクまで書き込まなければならないところを、キャッシュに書くだけでOSから見たI/Oを終了できるからです（図3.14）。

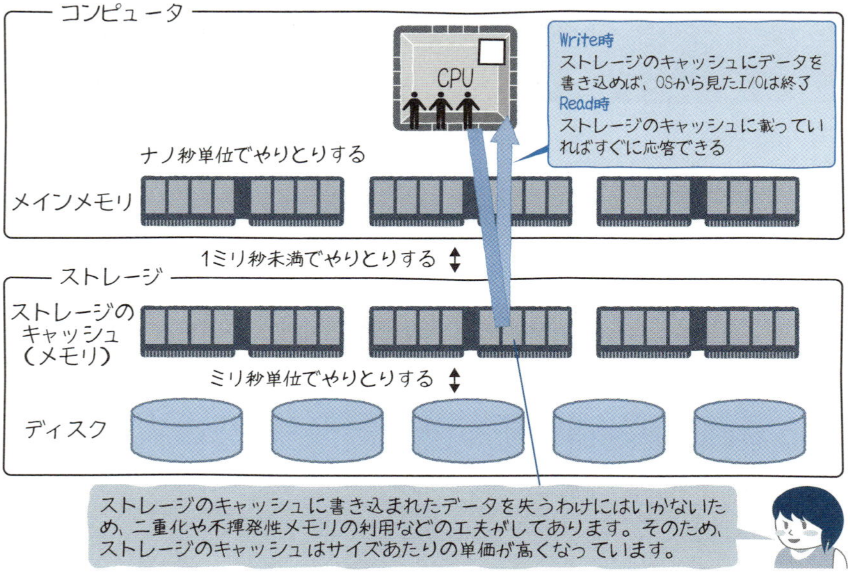

図3.14　ストレージキャッシュとは？

3.9.1 OS のバッファキャッシュと仮想メモリの違い

OSには、バッファキャッシュ[※6]と、仮想メモリと呼ばれる機能があります。この2つの機能とOracleのバッファキャッシュは、一緒に考えるべきものです。OSのバッファキャッシュは、Oracleのバッファキャッシュと同様の機能を持っています（図3.15）。

※6　ファイルキャッシュやページキャッシュとも呼ばれますが、ここではバッファキャッシュと呼ぶことにします。

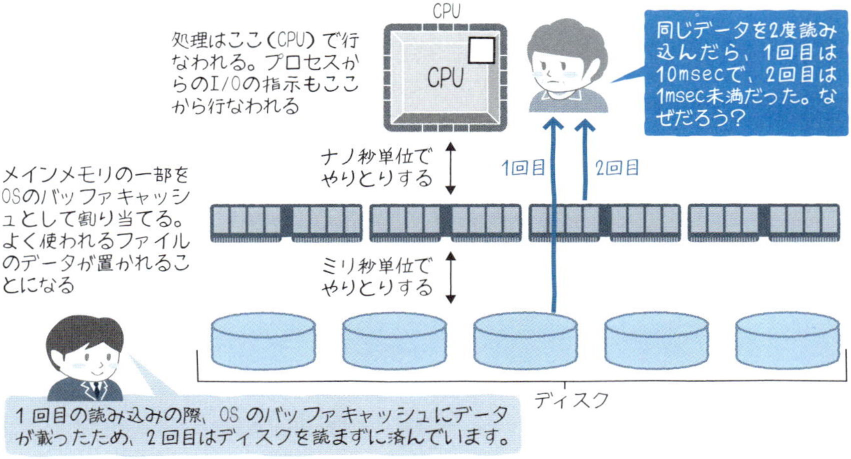

図3.15　OSのバッファキャッシュの動作

OSでは、仮想メモリと呼ばれる機能により、物理メモリ以上にメモリを使用できます。当然、これにはタネがあり、使用頻度の低いメモリ上のデータをディスクに格納してしまうのです。プロセスから見ればデータはメモリ上にあるように見えますが、実体はディスクにあるという構図です（図3.16）。

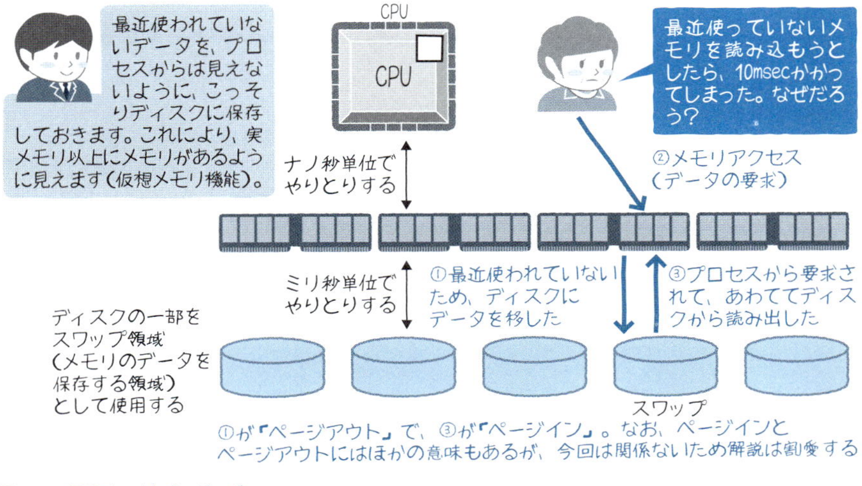

図3.16　仮想メモリとページング

図3.16の①、③の動作をページングと言い、物理メモリとディスク間のブロック（ペ

ージ）のやりとりを指します。物理メモリからディスクにページを書き出すことをページアウト、ディスクから物理メモリにページを読み込むことをページインと言います。

言ってみれば、仮想メモリとはバッファキャッシュと逆のことを実現している機能です。というのも、バッファキャッシュ（OSもOracleも）はメモリの使える量を減らして、ディスクアクセスを高速化する技術です。これに対して仮想メモリは、低速なディスクを使って使用できるメモリ量を増やす技術です。

通常、これら3つの技術の関係を意識することはないと思いますが、意識して考えてみると密接な関係があることがわかります。たとえば、Oracleのバッファキャッシュを物理メモリ以上にすることを考えてみましょう。仮想メモリですから、設定することはできますが、本当にやりたいことが実現されているとは言えないでしょう。バッファキャッシュの目的であるメモリを使った高速化は、ページングによって帳消しにされてしまうからです（図3.17）。もちろん、OSのバッファキャッシュにも同様のことが言えます。では、どうすれば良いのでしょうか？

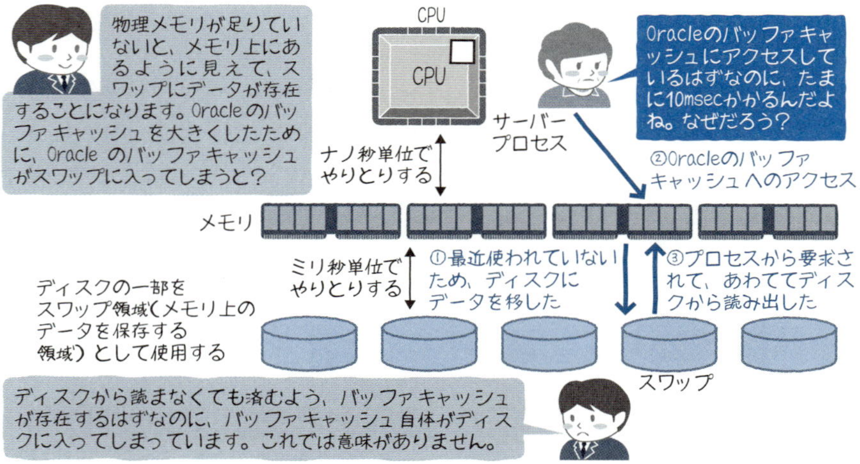

図3.17　Oracleのバッファキャッシュのはずが……

最近はメモリが安価になってきたため、物理メモリを購入して、物理メモリ上のみで動くように各々のパラメータを設定するのがおすすめです。つまり、仮想メモリのためのディスクはあくまでも保険として用意しておく程度にとどめ、実際には使わない方針にすることをおすすめします[※7]。

以上の点を守ることができれば、みなさんのシステムでもキャッシュが快適に動作することでしょう。

※7　昔は、物理メモリの2.4倍のスワップ（仮想メモリのためのディスク）を用意するという設計をしていた時代もありました。しかし、すでに解説したように最近はそれほど大きなスワップを作らない設計も増えてきました。

3.10 まとめ

この章で見てきたように広い視野でアーキテクチャを考えると、答え（設計や設定）がわかることは意外と多いです。

さて、最後に質問です。まとめの代わりだと思って考えてみてください。

Q. 同じパフォーマンステストを繰り返し行なっています。1回目が終わった後、キャッシュをクリアするためにOracleを再起動したら、2回目のテストではディスクが高速になりました（リスト3.3）。なぜでしょうか？

リスト3.3　Oracleを再起動するとI/Oが高速になる謎

```
Oracleから見たI/Oデータ（1回目。抜粋）：
Tablespace                  Filename
------------------------ ----------------------------------------------------
                    Av       Av     Av                    Av        Buffer Av Buf
         Reads Reads/s Rd (ms) Blks/Rd       Writes Writes/s      Waits Wt (ms)
-------------- ------- ------ ------- ------------ -------- ---------- ------
TOOLS                       /u01/app/oracle/oradata/ORCL/tools01.dbf
           145       5    6.6     1.0            0        0          0

USERS                       /u01/app/oracle/oradata/ORCL/users01.dbf
             3       0   10.0     1.0            0        0          0
                              ＼平均読み込み時間が6.6msecと
                                10msecかかっている
Oracleから見たI/Oデータ（2回目。抜粋）：
Tablespace                  Filename
------------------------ ----------------------------------------------------
                    Av       Av     Av                    Av        Buffer Av Buf
         Reads Reads/s Rd (ms) Blks/Rd       Writes Writes/s      Waits Wt (ms)
-------------- ------- ------ ------- ------------ -------- ---------- ------
TOOLS                       /u01/app/oracle/oradata/ORCL/tools01.dbf
           147       5    0.3     1.0            0        0          0

USERS                       /u01/app/oracle/oradata/ORCL/users01.dbf
             3       0    0.0     1.0            0        0          0
                              ＼Oracleを再起動したら、平均読み込み時間が
                                ほぼ0msecになった
```

答えは、「OSのバッファキャッシュにデータが載っていたから」です。Oracleは再起動しても、OSは再起動していません。つまり、OSのバッファキャッシュにデータが残っていたのです。

OSやストレージ、Oracleのアーキテクチャや動作を学ぶと、このような一見不可解な現象も理解でき、対処できるようになります。たとえば、現場でパフォーマンステストを複数回行なって、「1回しか現われない一番悪いデータは異常値だから」と無視してしまうエンジニアは多くいます。しかし、アーキテクチャを理解し、「OSのキャッシュにより、2回目以降は高速に処理されているように見えているだけ」とわかれば、正しい対処もできるはずです。

現場でOracleを使う際には、この章で解説したアーキテクチャや動きをイメージしながら、キャッシュヒットさせるためにはどうしなければいけないのかを考え、設計やチューニングを行なってみてください。その際にはOSとストレージのキャッシュや動きまで考慮してみてください。きっと、より良い設計や解決策が思い浮かぶはずです。

第4章

SQL文解析と共有プール

前章で、Oracleはバッファキャッシュというデータのキャッシュを持つことを解説しました。この章では、DBMSの頭脳であるオプティマイザと、共有プールと呼ばれるOracle特有のキャッシュについて解説します。オプティマイザとは、SQL文を解析し、最適な処理方法を考えてくれる機能です。また、生成された処理方法は共有プールにキャッシュされ、再利用されます。この章では、Oracleのデータベース性能を向上させる、この仕組みを理解しましょう。

4.1 なぜ、SQL文の解析と共有プールを学ぶのか？

どんなに力持ちの人でも、効率的に作業ができなければ、非力な人に作業量で負けてしまうことがあります。同じことがDBMSについても言えます。どんなにディスクを積もうが、クロックの速いCPUをいくつ積もうが、処理方法が悪ければ非力なマシンに負けてしまうものなのです。また、処理方法の生成には多くのCPU時間がかかるため、作成の回数を減らせればDBMS全体の性能も向上します。

この章では「解析（パース）」と呼ばれる処理方法の生成と、生成した処理方法をキャッシュする場所である「共有プール」について解説します。

4.2 SQLと一般的なプログラミング言語の違い

突然ですが、一般的なプログラミング言語とSQLの違いは何でしょうか？　いろいろあると思いますが、SQL文には「処理方法（手続き）」を記述しないことが大きな違いの1つだと言えます。

プログラミング言語の場合、オブジェクト指向言語であれ、スクリプト言語であれ、アセンブラであれ、処理方法を記述します。みなさんもプログラミングの際には、ここからデータを取ってきて、ループをして、条件分岐して……といった処理方法を自然に記述しているでしょう。それに対してSQL文では、「データが満たす条件や関係」を記述します[※1]。たとえば、「SELECT A FROM B WHERE C = 1」というSELECT文は、“B表のデータから、C=1という条件を満たすAという属性（列）の情報を取ってこい”というSQL文になります。どこにも「インデックスを使え」とか「フルスキャンをしろ」などの処理方法を記述していないことに注目してください。

当たり前ですが、誰かが処理方法を考えないと処理することはできません。DBMSでは人ではなく、「オプティマイザ（パーサ）」と呼ばれる機能が処理方法を考えます。オプティマイザ（パーサ）がSQL文を解析し、「実行計画（プラン）」という処理方法を作ってくれるのです[※2]。

※1　基本的には「データが満たす条件や関係」を記述しますが、Oracleの場合にはヒントという機能で、ある程度までならOracleに対して処理手順を指示することができます。たとえば「SELECT /*+ index(A B) */ FROM A WHERE C = 1」というSQL文の場合、A表のBというインデックスを使って処理をするように指示したことになります。またorderedというヒントを使用すれば、表を複数検索するようなSQL文で検索する表の順番を指示することもできます。

※2　Oracleの実行計画は、一般に「アクセスパス」と呼ばれるものとほぼ同じだと捉えてください。実行計画には（インデックスを使うかなどの）表へのアクセス方法、表の検索順序、表の結合方法といった内容が含まれています。

4.3 サーバープロセスと解析

前章までと同様、この章でもOracleを倉庫業者に見立てて解説します。

サーバープロセスは、SQL文の処理を最優先するプロセスです。たとえると、お客からの依頼を最優先する営業マンのイメージです。サーバープロセスとSQL文全体の処理における「解析」の位置付けは、図4.1の通りです。

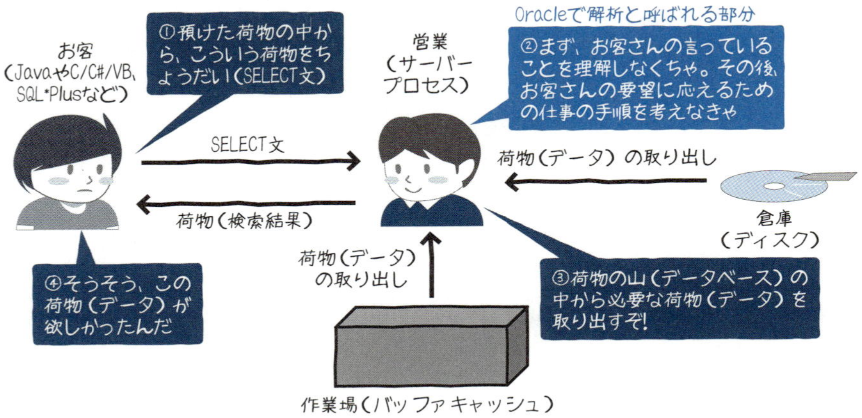

図4.1　解析って何？　いつするの？

Oracleにおける解析とはSQL文を分解し、どのような要素（表や列など）から構成されているかを調べるだけではなく、どのように処理するのかまで考えることを指します。考えると言ってもコンピュータですから、アルゴリズムに基づいて処理しているだけです。Oracleは「ルールベース」と「コストベース」というアルゴリズムを持ちます。ただし、ルールベースはOracle 10gからはサポートされていないため、ここからはコストベースに絞って話を進めます。

コストベースを大ざっぱに言うと、「処理時間やI/O回数が最小になると考えられる処理方法を最上とする」というアルゴリズムです。Oracleでは、処理時間やI/O回数を見積もるために「コスト」と呼ばれる数値を用います。コストを大ざっぱに言うと、「処理に必要と思われる時間、もしくはリソース使用量」です。つまり、人間であれば一番早く処理できると思われる方法を選ぶのと同様です。

4.3.1 コストを計算するための基礎数値「統計情報」

ところで、倉庫会社の社員の気持ちになって考えると「こんなデータが欲しい」という依頼だけでは、どれくらい処理に時間がかかるか見積もることはできません。そのため、見積もるための基礎数値（データ量など）が必要になります。実際には、コストは「統計情報」と呼ばれる基礎数値をもとに計算されます。統計情報とは「この表にはデータが何行存在していて、データ量はこのくらい。列のデータの最大値と最小値はこの値。その列に付いているインデックスは……」といった、表やインデックスに関する基礎数値のことです。倉庫会社においても、「この荷物はこれくらいの量があって……」という基礎数値を事前に把握しているベテランの社員であれば、作業時間の正確な見積もりを即座に出せるでしょう。つまり、依頼を受けてから基礎数値を調べているようでは遅いのです。Oracleでは、この統計情報は「アナライズ(Analyze)」と呼ばれる作業を通して得られます。

アナライズは管理者がしなくてもOracleが自動的に行なってくれます。コストの計算に必要な情報をまとめたのが図4.2です。

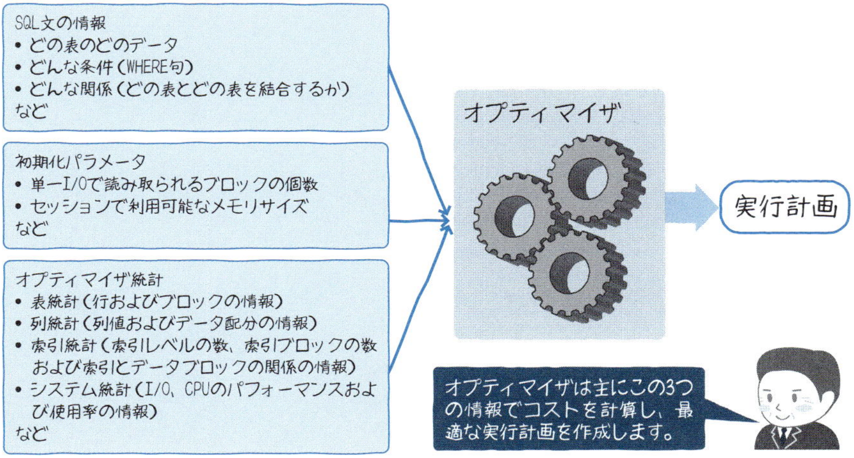

図4.2　コスト計算にはいろいろな情報が必要

4.4 最適な実行計画を判断するには？

実行計画が最適ではない場合、どのようなことが起きてしまうのでしょうか？ リスト4.1のようなSQL文から考えてみましょう。

リスト4.1 A表とB表を結合するSQL文

```
SELECT * FROM A,B WHERE A.ID = B.ID AND A.value = 1 AND B.value = 1;
```

A表のID列とvalue列、B表のID列とvalue列という4つの列にインデックスが付いているとします。まずA表から検索して次にB表を検索する方法（図4.3の例1）と、B表から検索してA表を検索する方法などがすぐに思いつくでしょう。しかし、たとえばB表は100件のデータしか持たないのに、A表は1000万件のデータを持ち、しかもA表のvalue列の値はほとんど1だったとしたらどうでしょう（図4.3の例2と例3）。A表→B表の順で検索する例2では処理が大変重くなっていますが、B表→A表の順で処理する例3では、データをすぐに探せるため処理はとても軽くなります。このようにDBMSは実行計画の良し悪しによって、とても大きな性能差が発生してしまうのです。

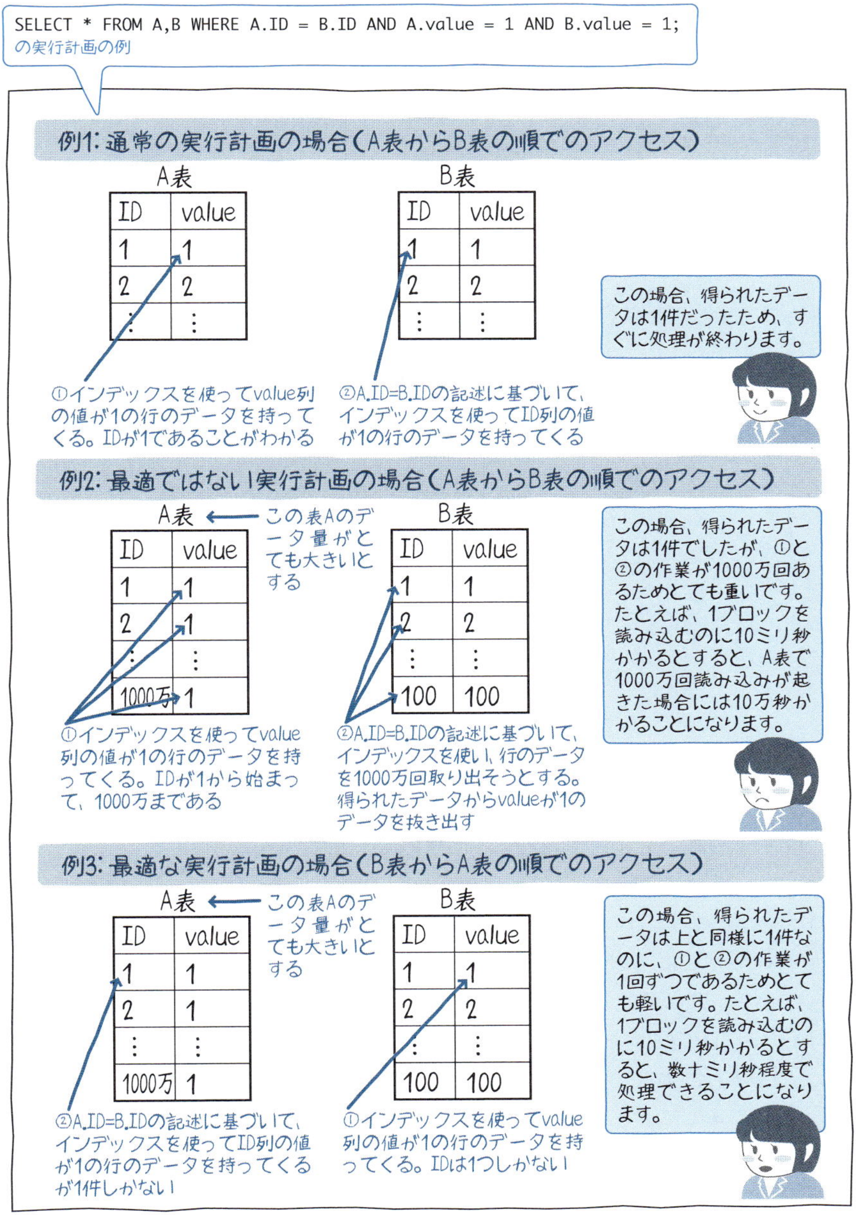
SELECT * FROM A,B WHERE A.ID = B.ID AND A.value = 1 AND B.value = 1;
の実行計画の例
例1: 通常の実行計画の場合(A表からB表の順でのアクセス)
A表
ID value
1 1
2 2
B表
ID value
1 1
2 2
この場合、得られたデータは1件だったため、すぐに処理が終わります。
①インデックスを使ってvalue列の値が1の行のデータを持ってくる。IDが1であることがわかる
②A.ID=B.IDの記述に基づいて、インデックスを使ってID列の値が1の行のデータを持ってくる
例2: 最適ではない実行計画の場合(A表からB表の順でのアクセス)
A表
この表Aのデータ量がとても大きいとする
ID value
1 1
2 1
1000万 1
B表
ID value
1 1
2 2
100 100
この場合、得られたデータは1件でしたが、①と②の作業が1000万回あるためとても重いです。たとえば、1ブロックを読み込むのに10ミリ秒かかるとすると、A表で1000万回読み込みが起きた場合には10万秒かかることになります。
①インデックスを使ってvalue列の値が1の行のデータを持ってくる。IDが1から始まって、1000万まである
②A.ID=B.IDの記述に基づいて、インデックスを使い、行のデータを1000万回取り出そうとする。得られたデータからvalueが1のデータを抜き出す
例3: 最適な実行計画の場合(B表からA表の順でのアクセス)
A表
この表Aのデータ量がとても大きいとする
ID value
1 1
2 1
1000万 1
B表
ID value
1 1
2 2
100 100
この場合、得られたデータは上と同様に1件なのに、①と②の作業が1回ずつであるためとても軽いです。たとえば、1ブロックを読み込むのに10ミリ秒かかるとすると、数十ミリ秒程度で処理できることになります。
②A.ID=B.IDの記述に基づいて、インデックスを使ってID列の値が1の行のデータを持ってくるが1件しかない!
①インデックスを使ってvalue列の値が1の行のデータを持ってくる。IDは1つしかない!

図4.3　最適ではない実行計画を選んでしまうと大変なことになる

現場のIT用語

サチる、足回り

現場ではテキストに出てこない用語が頻繁に出てきます。そのような用語の意味はなかなか人に聞けないものです。ここでは、そんな現場の用語をいくつか紹介します。

●サチる

「飽和する」という意味です。限界に達した場合に「サチった」という言い方をします。たとえば、「共有プールがサチったけど、性能は落ちなかったよ」と言うことがあります。また、明確な限界はわからないものの、限界に達しているように見える場合にも使います。英語の「saturate」が語源です。

●足回り

自動車の場合はタイヤやその周辺を指しますが、コンピュータの場合にはI/O性能のことを指します。物理ディスクといった単体の性能というよりも、I/Oボードなども含めたトータルのI/O性能を指すことが多いです。「足回りが弱い」「足回りを強化する」という言い方をします。また、「足回りにお金をかけても、実行計画が悪くては性能が出ないよね」などと言うこともできます。なお、ネットワークの世界ではアクセス回線のことを「足回り回線」と言うため注意が必要です。

それでは、いったいどうやって「どの処理方法が一番良い（コストが最小になりそうだ）」と判断するのでしょうか？　基本的には、すべての処理方法のコストを計算して比較するしか方法はありません。簡単に述べましたが、「基本的にはすべての処理方法のコストを計算する」のは、実際には大変なことなのです。図4.4、図4.5、図4.6の3つの例を比較しながら、なぜ大変なのか考えてみましょう。

図4.4は1つの表に対するSELECT文の実行計画を立てる解析の例です。図4.5は2つの表に対するSELECT文、図4.6は10個の表に対するSELECT文の実行計画を立てる解析の例です。表の数が増えれば増えるほど、コスト計算の数も膨大になっています。もし人間が実行計画を考える立場だとすると、嫌になってしまうくらい大変な数であることがわかるでしょう。今回は解説しやすいように単純な処理方法のみを紹介しました。しかし、実際には表の検索／結合の方法は数種類あるため、もっと大変なのです。この「選択し得る実行計画の多さ」と「あくまで予測にすぎない見積もり」が原因で、DBMSは最適ではない実行計画を選んでしまうことがまれにあります。

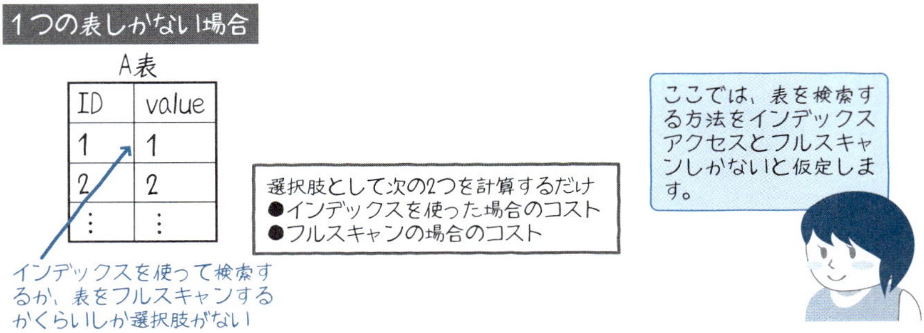
1つの表しかない場合
A表
ID value
1 1
2 2
選択肢として次の2つを計算するだけ
●インデックスを使った場合のコスト
●フルスキャンの場合のコスト
ここでは、表を検索する方法をインデックスアクセスとフルスキャンしかないと仮定します。
インデックスを使って検索するか、表をフルスキャンするかくらいしか選択肢がない

図4.4　1つの表のコスト計算

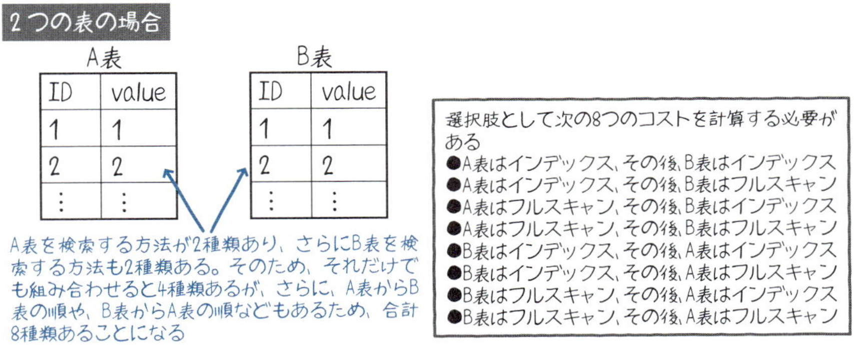
2つの表の場合
A表
ID value
1 1
2 2
B表
ID value
1 1
2 2
選択肢として次の8つのコストを計算する必要がある
●A表はインデックス、その後、B表はインデックス
●A表はインデックス、その後、B表はフルスキャン
●A表はフルスキャン、その後、B表はインデックス
●A表はフルスキャン、その後、B表はフルスキャン
●B表はインデックス、その後、A表はインデックス
●B表はインデックス、その後、A表はフルスキャン
●B表はフルスキャン、その後、A表はインデックス
●B表はフルスキャン、その後、A表はフルスキャン
A表を検索する方法が2種類あり、さらにB表を検索する方法も2種類ある。そのため、それだけでも組み合わせると4種類あるが、さらに、A表からB表の順や、B表からA表の順などもあるため、合計8種類あることになる

図4.5　2つの表のコスト計算

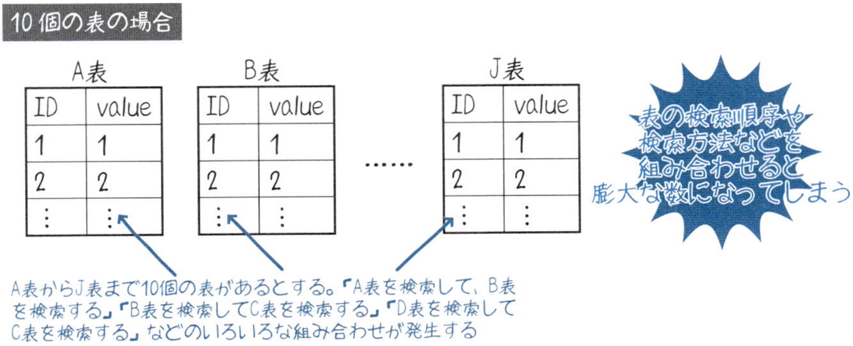
10個の表の場合
A表
ID value
1 1
2 2
B表
ID value
1 1
2 2
……
J表
ID value
1 1
2 2
表の検索順序や検索方法などを組み合わせると膨大な数になってしまう
A表からJ表まで10個の表があるとする。「A表を検索して、B表を検索する」「B表を検索してC表を検索する」「D表を検索してC表を検索する」などのいろいろな組み合わせが発生する

図4.6　10個の表のコスト計算は膨大な数になる

COLUMN

適応問合せ最適化（Adaptive Query Optimization）のメリット&デメリット

Oracleの要とも言えるオプティマイザの機能は、バージョンが上がるたびに強化されています。Oracle 12cからは適応問合せ最適化（Adaptive Query Optimization）と呼ばれる、オプティマイザ統計の補正機能が加わりました。これにより、人的コストをかけずともより優れた実行計画を選択可能となりました。一方で、システムの特性によっては使い方に注意が必要です。

前提として、Oracleでは実行計画を決定する際、事前に収集した統計情報を参照して処理の対象となる表のデータ傾向を把握します。この傾向に基づいて最も処理コストが低くなると予測されるアクセスパス、結合順序、結合方法などを判断します。

注目すべきは「統計情報は"事前に収集される"」という点です。これはSQL文の解析負荷を軽減するための仕様ですが、SQL文実行時の統計情報と乖離《かいり》がある場合は選択される実行計画が最適なものとならない可能性があります。これを防ぐためには、DBAが適切な取得タイミングや頻度、レベルで統計情報を収集するといった作業が求められます。

Oracle 12cから追加された適応問合せ最適化（Adaptive Query Optimization）機能によって、SQL文実行時に追加の統計情報を動的収集した上で最終的な実行計画を選択するようになりました。これにより事前収集した統計情報の不足分を補正し、より適切な実行計画をリアルタイムで選択可能です。

ただし、統計情報の動的収集が動作する分、解析時間が長くなるという注意点があります。実際に「Oracle 12cでSQL文の実行が遅くなった」という事例もあります。OLTPのような、実行時間の短いSQL文を多数実行するシステムでは動的統計収集により解析時間が長くなる傾向にあります。この場合、静的統計収集を検討してください。

また、システムによっては定期的にオプティマイザ統計を収集しない、あるいは統計をロックするなどしてオプティマイザによる実行計画の変動をあえて制御する場合もあります。このような場合、初期化パラメータの設定により適用問合せ最適化による実行計画の変更を防ぐことが可能です。

より詳細な内容については、下記ドキュメントを参照ください。

参考 マニュアル『Oracle Database SQLチューニング・ガイド 18c』
4.4 適応問合せ最適化について

4.5 共有プールの動作と仕組み

ここまでで解析処理が大変な作業であることは理解いただけたと思いますが、次に解析処理がいかにCPUリソースを消費するのかを解説しましょう。

インデックスを用いて1行取得するようなSQL文の場合、データを処理するために必要なCPUリソースに対して、解析に必要なCPUリソースは数倍から数十倍にもなってしまいます[※3]。ここまで書けば、これまでの章を読んでいる方はもうおわかりですね。そうです。「解析に使用されるCPUリソースはもったいない」のです。そのため、「実行計画の共有（使い回し）によりリソース消費を抑えることができないか」と想像できるでしょう。

共有プールは、実行計画を再利用し、解析作業を減らすために存在すると言っても過言ではありません。そのため、うまく共有プールを使うことはCPUリソースを節約することにもなるのです。それでは、共有プールの位置付けと動作について解説していきましょう。まずは倉庫業者Oracleの例を使って、共有プールに実行計画がある場合のサーバープロセスの動作を解説します（図4.7）。

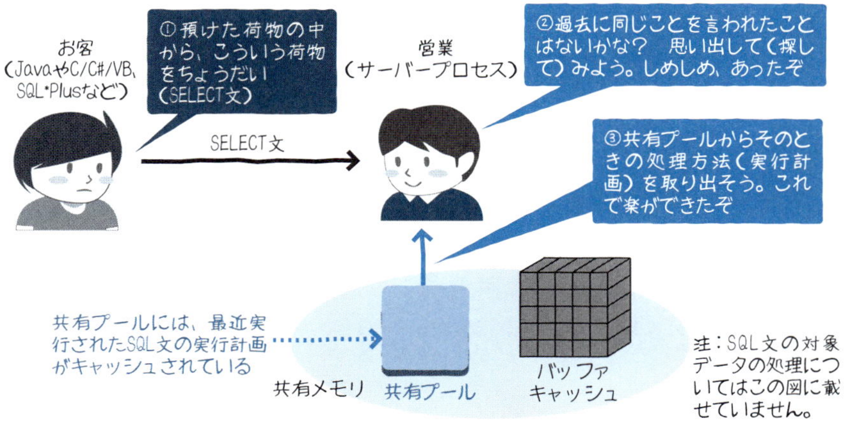

図4.7　共有プールに実行計画がある場合のサーバープロセスの動作

共有プールもプロセス間で共有しなければならないため、バッファキャッシュと同様に共有メモリに位置します。多くの場合、共有メモリの大部分はバッファキャッシュとして使われるため、その残りの一部が共有プールとなります。共有プールは、さらにライブラリキャッシュ（ここに実行計画が置かれる）やディクショナリキャッシ

※3　データの処理に時間がかかるSQL文の場合には、解析に使われるCPUリソースは相対的に小さくなるため、解析を重要視しなくてもかまいません。データの処理に時間がかかるSQL文の例としては、データウェアハウスにおける大量データを取得するSELECT文が挙げられます。

ュといった領域に分かれます（図4.8）。

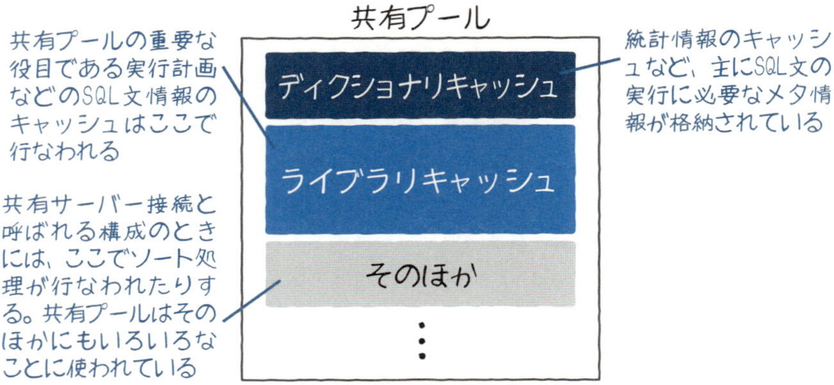

図4.8　共有プールの中はどうなっている？

さて、Oracleはどうやって同一のSQL文だと判断しているのでしょうか？　Oracleはハッシュアルゴリズム[※4]を使用してSQL文ごとのIDを生成します。より正確に言うと、SQL文を文字の並び（データ）としてハッシュ関数に渡し、得られたハッシュ値をSQL文のIDとして用います。ハッシュ関数にとっては、大文字と小文字は違う文字です。そのため、大文字と小文字では得られるハッシュ値も異なります。人間から見れば同じSQL文であっても、Oracleから見れば別々なのです（リスト4.2）。

リスト4.2　人間が見れば同じSQL文だが、Oracleはそうは思わない

```
SQL 文1 Select id, cust_name, tel_no from cust where id = 1;
SQL 文2 select id, cust_name, tel_no from cust where id = 1;
```

先頭が「S」か「s」の違いだけで、特に意味的な違いはない。
人間が見れば同じ SQL 文だが、Oracle は違う SQL 文として判断する

また、検索条件の値が異なるようなSQL文は、バインド変数を使えば同じSQL文になります（リスト4.3）。バインド変数とは、プログラムの変数をSQL文に埋め込む機能だと考えてください。リスト4.3の中の「:A」という変数にはいろいろな値が格納されますが、SQL文の文字列としては同じであるため、SQL文のハッシュ値は変わりません。つまり、同じSQL文として扱われるのです。

※4　ハッシュアルゴリズムは、高速な検索のためのアルゴリズムです。値や文字列をハッシュ関数に渡すと、ハッシュ値と呼ばれるIDを作ってくれます。このハッシュ値を使えば、高速なアクセス（データ検索）が実現できるのです。詳しくはアルゴリズムの解説書を参照してください。ハッシュアルゴリズムをご存じない方は、ぜひ理解しておきましょう。

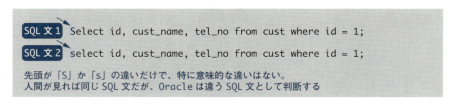

リスト4.3　値が違うSQL文を繰り返し実行したい場合にはバインド変数を使う

実行したいSQL文

```
SELECT id, cust_name, tel_no FROM cust WHERE id = 1;
SELECT id, cust_name, tel_no FROM cust WHERE id = 2;
                           ⋮
```

この部分に違いがあるため、実行計画は同じでかまわないのに、毎回解析作業を行なわなければならない

バインド変数を使って書き換えたSQL文

```
SELECT id, cust_name, tel_no FROM cust WHERE id = :A;
SELECT id, cust_name, tel_no FROM cust WHERE id = :A;
                           ⋮
```

「:A」という変数に1や2といった値を入れておき、このSQL文を実行することで上と同じことが実現できる。Oracleは同じSQL文と認識するため、キャッシュが残っていれば解析作業を行なわない

実は、解析（パース）には、「ハードパース」と「ソフトパース」の2種類があります。ハードパースは今まで説明してきた解析のことです。共有プールに実行計画がないため、実行計画を作成するケースです。ソフトパースはハッシュ値を求めた結果、共有プールにキャッシュされている実行計画が見つかったため再利用するケースを指します。つまり、今まで解析しないと説明していたほうです。するどい方は気づいたかもしれませんが、実はSQL文の実行にあたってソフトパースすら行なわないことがあります。とはいえ、ソフトパースすら行なわないケースはそれほど多くありませんし、一般にソフトパースで十分効果が得られるため、ここでは割愛します。

4.6 数値で見る解析と共有プールの情報

今までイメージで説明してきましたが、次に数値で解析や共有プールを見てみましょう。Statspack（Oracleのパフォーマンス診断ツール）のレポートで確認する方法が簡単で便利です。リスト4.4のStatspackのレポートの抜粋を見てください。

どこかのデータベースのStatspackレポートを見られるようであれば、実際にデータを見てそのシステムの動作状況をイメージしてみてください。

たとえば、「全体のCPU使用量に対して、解析のためのCPU使用量が約半分も占めてるの？　バインド変数を使うようにすれば、まだまだ性能が出るじゃないか！」といった発見ができるでしょう。

COLUMN

Oracleのパフォーマンス診断ツール

Statspackはオラクル標準のパフォーマンス診断ツールです。StatspackはOracle 8i以降の任意のOracleにインストール可能で、性能情報を収集します。たとえば、リソースを大量消費するSQL文を特定したりキャッシュヒット率を確認することで、ボトルネックの切り分けが可能です。

また、Oracle 10g以降ではStatspackを進化させたAWR（自動ワークロードリポジトリ）という機能を利用可能です。AWRはインストール不要で、Statspackでは収集されない統計情報に関する解析も行なわれます。なお、AWRの利用には、Diagnostics Packライセンスが必要です。

より詳細な内容は、次のドキュメントを参照ください。

参考　マニュアル『Oracle Databaseデータベース・パフォーマンス・チューニング・ガイド 18c』
6 データベース統計の収集

リスト4.4　Statspackレポートで見る解析や共有プールの状況（抜粋）

注：データは一部ダミーにしています

```
          Snap Id     Snap Time      Sessions Curs/Sess Comment
          ------- ------------------ -------- --------- ---------------
Begin Snap:      11 13-May-05 10:00:00      128       4.0
  End Snap:      12 13-May-05 10:30:00      138       4.2
   Elapsed:                30.00 (mins)

Cache Sizes (end)
~~~~~~~~~~~~~~~~~
               Buffer Cache:      1,000M      Std Block Size:         8K
           Shared Pool Size:        352M          Log Buffer:    10,000K

Load Profile
~~~~~~~~~~~~                       Per Second       Per Transaction
                              ---------------       ---------------
                  Redo size:       625,128.42              6,182.12
              Logical reads:        50,112.51              4902.04
              Block changes:         4,743.25                446.38
             Physical reads:         2,350.09                203.48
            Physical writes:           335.65                 31.20
                 User calls:         3,725.42                343.22
                     Parses:           407.24                 38.95
                Hard parses:            92.25                  9.01
                      Sorts:         1,231.32                112.11
                     Logons:             3.38                  0.30
                   Executes:         1,789.33                165.21
               Transactions:           100.10

Instance Efficiency Percentages (Target 100%)
~~~~~~~~~~~~~~~~~~~~~~~~~~~~~~~~~~~~~~~~~~~~~
            Buffer Nowait %:   99.99       Redo NoWait %:  100.00
            Buffer  Hit   %:   99.23    In-memory Sort %:   99.99
            Library Hit   %:   95.12        Soft Parse %:   77.34
         Execute to Parse %:   77.24         Latch Hit %:   98.12
Parse CPU to Parse Elapsd %:   78.45     % Non-Parse CPU:   54.28

      :

Statistic                                      Total     per Second    per Trans
--------------------------------- ------------------ -------------- ------------
CPU used by this session                     364,125          202.3         20.0
CPU used when call started                   364,104          202.3         20.0
      :
parse count (hard)                           166,051           92.3          9.1
parse count (total)                          733,032          407.2         40.4
parse time cpu                               166,478           92.5          9.0
parse time elapsed                           212,209          117.9         11.4
      :
SGA breakdown difference for DB: XXXX    Instance: XXXX    Snaps: 11 - 12

Pool   Name                             Begin value        End value  % Diff
------ ------------------------------ ---------------- ---------------- -------
shared dictionary cache                      3,229,952        3,229,952    0.00
      :
shared free memory                           2,327,024        2,328,680    0.01
      :
shared sql area                            304,057,200      304,148,417    0.03
```

英語で「解析」のことをParseと呼ぶ。「Parses」はハードパースとソフトパースの合計の実行回数。たとえば、この環境では1秒間に407回行なわれている

Parse以外のCPU量が54%しかない。つまり46%がParseということ

CPU used by this session（ほぼSQL処理のCPU使用量に相当）に対して、parse timecpu（解析にかかったCPU使用量）が多い。原因はparse count (hard)が多いため。つまり、ハードパースが多いため。なお、parse count (total)からparse count (hard)を引いたものが、ソフトパースの回数。ソフトパースは回数が多くても大してCPUを消費しない

「shared」は共有プールのこと。共有プールのfree memoryとsql area（ライブラリキャッシュ内の実行計画）のサイズ

ここの値はメモリのサイズ。sql areaが大きく、free memoryは少ないが、一概に不足しているとは言えない

4.7 まとめ

この章では、大きく次の3点を解説しました。

- SQL文には処理方法が書かれていないため、Oracleで処理方法（実行計画）を考える必要があること
- 実行計画の良し悪しで大きく性能が変わってしまうこと
- 実行計画を考えるためには多量のCPUを使ってしまうため、共有プール（ライブラリキャッシュ）に実行計画をキャッシュして使い回すこと

ここでの最終目標は、図4.9のようなイメージが頭に浮かぶようになることです。

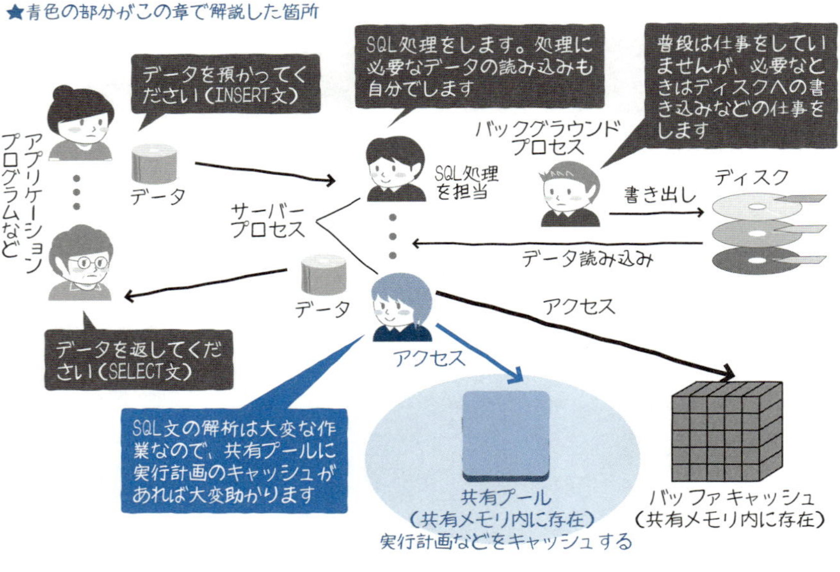

図4.9　Oracle全体のイメージ（共有プール含む）

この章で、全12章のうちの4章までが終了しました。次章では、Oracleの起動と停止で何が行なわれているのかについて解説します。

COLUMN

統計情報、いつ取りますか？

Oracleがコスト計算のもとにするのは統計情報です。適切な実行計画は、適切な統計情報があってこそ導出されます。裏を返すと、実態と乖離した統計情報から導出される実行計画は性能問題の原因となり得ます。

では、適切な統計情報を収集するために考慮すべきことはいったい何でしょうか？

答えは「タイミング」です。

統計情報をただ定期的に収集すればいいというわけではありません。最も大切なことは、システムの特性を考慮し「適切なタイミング」で収集することです。

たとえば、自動統計収集（デフォルトでは平日の22:00から翌2:00の間）を使用していて、毎夜21:00にバッチ処理を実行している場合を考えます。バッチ処理により、テーブルのデータ量は日中の1000分の1になるとします。

データ量が減ったタイミングで取得された統計情報をもとに導出された実行計画で、データ量の多い日中に処理を行なうとどうなるでしょうか？

適切な実行計画はデータ量によって異なります。このケースでは、本来適切であるインデックススキャンではなくフルスキャンを選択してしまうといった判断ミスが発生し得ます。これは致命的な性能問題の原因となる可能性があります。

この例のように一定間隔でデータ量の増減が繰り返される場合にデータ量が多い日中の処理に備えるには、一般に、データ量が多いタイミングで統計情報を取得すると適切な実行計画になると期待できます。その代わりにデータ量が少ない夜間のタイミングの処理は最速ではないかもしれません。

データベース管理者は、統計情報の収集タイミング、統計情報の固定、ヒントなどを組み合わせて意図した実行計画になるよう運用します。

COLUMN

現場では第4章の知識をどう使うのか？

現場では、何と言ってもチューニングの際に解析や実行計画に関する知識を使用します。そこで、解析や実行計画に関するチューニングについて解説します。なお、ここでは概要のみの紹介にとどめます。詳しくは該当するマニュアルを参照ください。

◯実行計画が悪くSQL文の性能が出ない場合

まず、コスト計算のもととなる統計情報をきちんと取得しているかデータベース管理者に確認してみましょう。収集していないのであれば、dbms_statsパッケージ（もしくはanalyzeコマンド）を実行して統計情報を最新のものにすることで、より良い実行計画になる可能性が高くなります。ただし、管理者の運用ポリシーとして統計情報をあえて収集していない場合もあるため、勝手に収集してはいけません。また、きちんと収集した統計情報をもとにした実行計画が最適でない場合はオプティマイザの判断が良くないということですから、ヒントやプランスタビリティと呼ばれる機能を使ってOracleに対して指示をします。

◯ハードパースが多く、解析のCPU使用量が多い場合

バインド変数を使ったSQL文に書き換えることを検討します。しかし、現実のプロジェクトではアプリケーションに手を入れられないことは多いものです。そのような場合には、CURSOR_SHARING[※5]という初期化パラメータを設定することにより、バインド変数化とほぼ同じ効果を得られます。ただし、本機能に限った話ではありませんが、使用する前にはOracleのパッチを適用することをおすすめします。

◯サイズに関するチューニング

残念ながら、共有プールのサイズに関するチューニングは簡単ではありません。キャッシュであるため、free memory（未使用メモリ）がなくなるまで、捨ててもかまわない使用頻度の低いデータを捨てようとしないからです。つまり、「free memoryが少ないからサイズを増やさなければいけない」とは言えないのです。ソフトパースが多い分にはほとんど問題がないのですが、バインド変数をきちんと使用していてもハードパースが多い場合には、キャッシュとしてのサイズが足りないケースがあります。そのような場合には共有プールのサイズを大きくすると効果がある場合もあります。

※5 バインド変数を使用していないSQL文をOracle内部でバインド変数を使うように書き換えて、バインド変数のメリットを享受できるようにする機能についてのパラメータ。

第 5 章

Oracleの起動と停止

前章で、SQL文には処理方法が記述されていないため、Oracleは予測に基づいて「実行計画」というデータの処理方法を決めることを解説しました。その作業は解析（パース）と呼ばれることや、Oracleには共有プールと呼ばれるキャッシュがあり、実行計画をキャッシュできることも解説しました。この章ではガラっと話を変えて、Oracleの起動と停止について見ていきます。Oracleの起動には4つの状態があることや、起動処理の流れ、起動する際に使われるファイルなどを理解してください。

5.1 なぜ、起動と停止を学ぶのか？

OSと同様に、起動と停止を学ぶことはOracleの内部構造を理解する大きな助けになります。起動する際にどのファイルをどのように使うのか、どのような依存関係になっているのかがわかれば、内部動作が理解できるようになります。さらに、各種ファイルが壊れるといった障害の対応の際にも、この内部動作は必要となる知識です。

なお、この章の解説の一部はWindows上のOracleには当てはまらないことがあります。ただし、内部構造の多くは同じであり、UNIXのほうが隠蔽されていないため、UNIX上のOracleを理解することがWindows上のOracleを理解するための早道でもあると筆者は考えます。ぜひWindows上のOracleを使用する方もお読みください。

5.2 Oracleの起動／停止の概要

この章でも前章までと同様に、Oracleを倉庫会社にたとえます。Oracleの起動は「倉庫会社の業務開始」に相当し、Oracleの停止は「倉庫会社の業務終了」に相当します。業務開始と終了の大まかな流れは次の通りです。

倉庫会社Oracleの業務開始までの流れ

①まず社員（営業を除く）が出社する
②倉庫に関する情報（管理台帳）を調べる
③倉庫をざっと見て、問題がなければ倉庫をオープンして業務開始

倉庫会社Oracleの業務終了の流れ

①業務（SQL文やトランザクションなど）が終わるのを待つ。ただし、急いでいる場合は業務処理が途中でも処理を打ち切る[※1]
②作業場の荷物（キャッシュ上のデータ）を倉庫（ファイル）に片付ける。ただし、急いでいる場合は作業場の荷物を片付けない[※1]
③社員が帰宅する（プロセスの終了）

まとめると、図5.1のようになります。

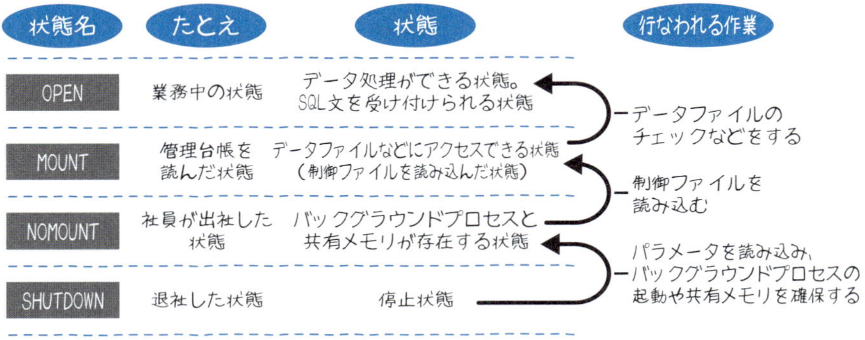

図5.1　Oracleの起動には4つの状態がある

※1 「業務処理が途中でも処理を打ち切る」と「データを片付けない」はコマンドのオプションで指定します。

5.3 業務の開始に相当するOracleの起動

社員が出社していない状態では、どんな作業もできません。まずは社員が出社して、業務開始に必要な作業にとりかかります。倉庫会社Oracleでは、管理台帳にどんな倉庫がどこにあるかを記録しています。この管理台帳をもとに、倉庫をざっと見た上で問題がなければ業務を開始します。その後、顧客のリクエストが届き始めてから営業が出社し、そのリクエストに対応します。現実の倉庫会社とはちょっと異なると思いますが、倉庫会社Oracleではこのような作業の流れになっています。

それでは、倉庫会社の業務開始の流れと、実際のOracleの動作を対応させます。図5.1を見ながら読んでください。たとえ話に出てきた「社員の出社」は、バックグラウンドプロセスの生成と共有メモリの確保にあたります。「倉庫に関する情報（管理台帳）を見る」は、制御ファイルを見ることを意味します。制御ファイルとは、データベースの構成情報が書かれているファイルで、データベースのファイルのパスなどがわかります。そして、「倉庫をオープンして業務開始」が、SQL文を受け付けられる状態にする作業です。データファイルやREDOログファイルを開いたり、Oracleが内部的に使用している情報と比較し、問題がないかどうか確認したりします。データファイルとは名前の通り、データが格納されているファイルのことです。REDOログファイルとは、データの変更履歴が格納されているファイルのことです。

5.4 インスタンスとデータベースと主要ファイルの構成

Oracleでは管理の単位として「インスタンス」という用語を使います。インスタンスとは、「バックグラウンドプロセス群＋共有メモリ」のことです。インスタンスと言うと、オブジェクト指向の経験から「実体」というイメージを思い浮かべる方もいるかもしれませんが、Oracleではバックグラウンドプロセス群＋共有メモリです。図5.1の「NOMOUNT」状態がインスタンスが起動した状態です。インスタンスのイメージは、「データベースを管理しているもの（プロセス＋メモリ）」です。インスタンス＝データベースではありません（図5.2）。

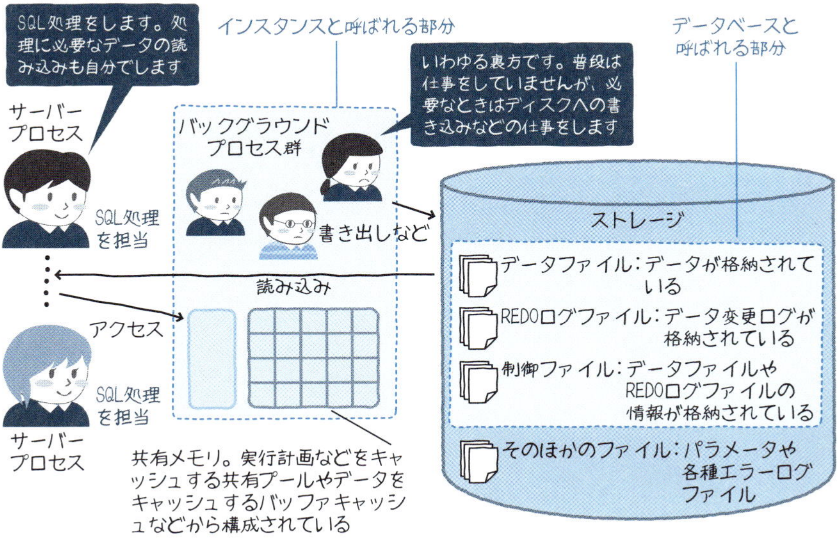

図5.2　データベースとは？　インスタンスとは？

しかし通常、インスタンスとデータベースは1対1で対応します。そのため、インスタンスのことをデータベースと呼んでもそれほど問題はありません。インスタンスが起動し、データベースがオープンしたことを「データベースが起動した」とも言います。ただし、RAC（Real Application Clusters）[※2]を使用している場合には、インスタンスとデータベースは1対1で対応しません。インスタンスとデータベースの違いを意識する必要があります（図5.3）。

※2　Oracleデータベースのクラスタリング機能。

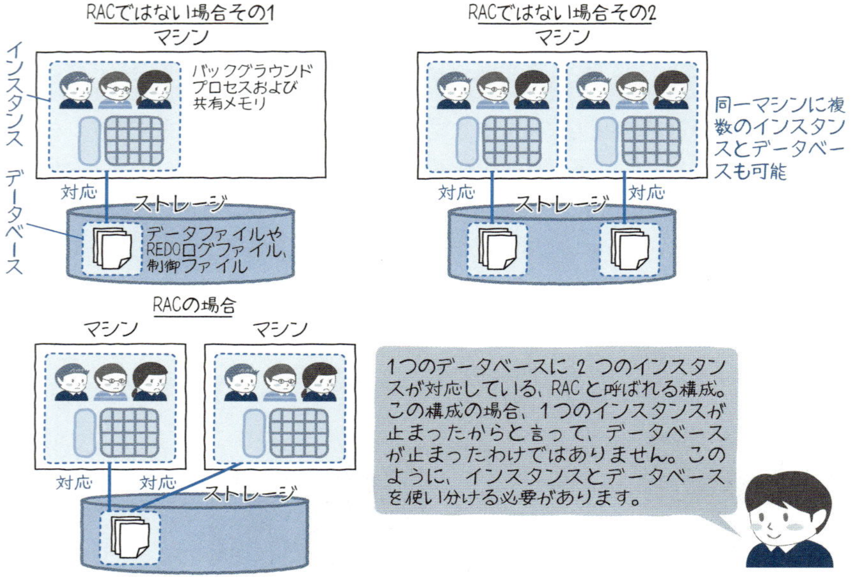

図5.3　インスタンスとデータベースの組み合わせ

次に、具体的なファイルの構成を見てみましょう（図5.4）。特に依存関係に注目してください。通常、環境変数ORACLE_HOMEとORACLE_SIDがわかれば、あとはファイルに書かれている情報を見てたどっていくことで、すべてのファイルのありかがわかるようになっています。

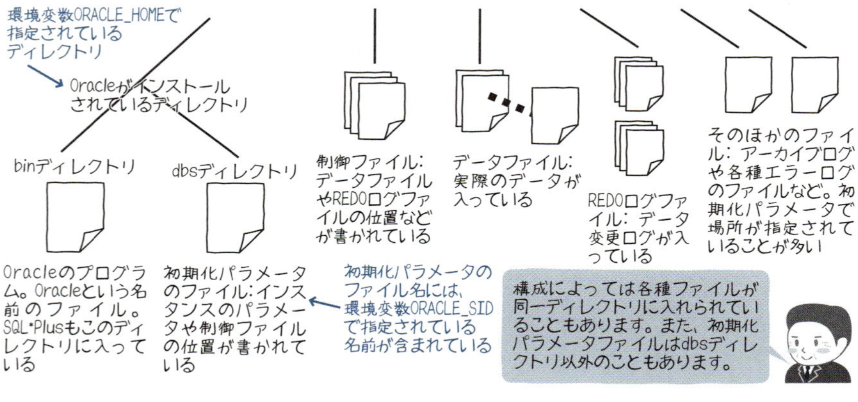

図5.4　主要なファイルの構成

5.5 起動処理の流れと内部動作

主要ファイルの構成を理解したところで、次は具体的な起動処理の流れを見ていきましょう。ここでは、3つのコマンドを使用してデータベースを起動します。

5.5.1 ①停止状態からNOMOUNTへの移行

まず、環境変数の設定を行なった後に、SQL*Plusというツールを起動します。以後、このツールからOracleのコマンドを入力します。SQL*Plusを起動できる管理者ユーザーになった後、通常は起動コマンド「startup」を入力します。今回は起動処理の詳しい内容を確認するため、「startup nomount」と入力します（リスト5.1）。startup nomountにより、停止状態から「NOMOUNT」状態になります。

リスト5.1　起動のコマンド入力

```
OS プロンプト > sqlplus /nolog ― データベースの起動に使う SQL*Plus を起動する。
                                 「/nolog」は起動時に指定するおまじない
SQL*Plus: Release 18.0.0.0.0 Production on Sat Sep 1 16:58:12 2018
Version 18.1.0.0.0

Copyright (c) 1982, 2017, Oracle.  All rights reserved.

SQL> connect / as sysdba ――― 起動停止できるユーザーにスイッチするコマンド
Connected.
                 ／起動コマンド
SQL> startup nomount
ORACLE instance started. ―――――――――――― インスタンスが起動されたことや
                                          メモリのサイズなどがわかる
Total System Global Area 2768239832 bytes
Fixed Size                  8899800 bytes
Variable Size             704643072 bytes
Database Buffers         1979711488 bytes
Redo Buffers               74985472 bytes
SQL>
```

コマンドの内部では、環境変数ORACLE_HOMEとORACLE_SIDをもとに初期化パラメータのファイルを開きます。読み取ったパラメータに基づいて共有メモリを確保し、バックグラウンドプロセスを生成しています（リスト5.2）。

リスト5.2　NOMOUNT時のpsコマンドの結果

```
                                                    nomount によって生成された
                                                  ／バックグラウンドプロセス
  oracle  1004     1  0 21:41:49 ?        0:00 ora_reco_test
  oracle   998     1  0 21:41:49 ?        0:00 ora_lgwr_test
  oracle  1000     1  0 21:41:49 ?        0:00 ora_ckpt_test
  oracle   996     1  0 21:41:49 ?        0:00 ora_dbw0_test
  oracle  1002     1  0 21:41:49 ?        0:00 ora_smon_test
  oracle   994     1  0 21:41:49 ?        0:00 ora_mman_test
  oracle   992     1  0 21:41:48 ?        0:00 ora_pmon_test
  oracle   903   464  0 20:34:08 pts/2    0:00 sqlplus /nolog
  oracle  1005   903  0 21:41:50 ?        0:00 oracletest (DESCRIPTION↵
=(LOCAL=YES)(ADDRESS=(PROTOCOL=beq)))
SQL>                                          ＼
                                          起動を行なっている SQL*Plus と
                                          対応するサーバープロセス
```

5.5.2 ② NOMOUNT から MOUNT への移行

次は「MOUNT」状態への移行です。「alter database mount;」と入力することにより、NOMOUNT状態からMOUNT状態になります（リスト5.3）。初期化パラメータに記述されている制御ファイルのパスを使用して、制御ファイルを開いて中身を読みます。REDOログファイルやデータファイルの位置をOracleは把握しました。

リスト5.3　NOMOUNTからMOUNTへ

```
SQL> alter database mount;

Database altered.
       |
「データベースは変更されました」としか表示されていないが、これで制御ファイルを読み込み、
MOUNT 状態になった
```

5.5.3 ③ MOUNT から OPEN への移行

「MOUNT」状態から「OPEN」状態へ移行するためには、「alter database open;」と入力します。コマンドの内部ではデータファイルを開いて簡単にチェックをしたり、一部のバックグラウンドプロセスを起動したりしています。データベースのオープンが終了すれば、業務が開始できる状態（OPEN状態）になります（リスト5.4）。

リスト5.4　MOUNTからOPENへ

```
SQL> alter database open;

Database altered.
         |
「データベースは変更されました」としか表示されていないが、これでデータファイルを開いて
チェックなどを行なった。そして OPEN 状態になった
```

今回は動作を詳しく解説するために、3つのコマンドを使ってデータベースを起動しました。通常は停止状態でstartupコマンドを入力してOPEN状態にします。startupコマンド1つで、今回解説した3つのコマンドの作業を内部で行ないます（リスト5.5）。

リスト5.5　停止状態からOPENへ（通常のコマンド）

```
SQL> startup
ORACLE instance started.───インスタンスが起動した。
                            NOMOUNT 状態

Total System Global Area 2768239832 bytes
Fixed Size                  8899800 bytes
Variable Size             704643072 bytes
Database Buffers         1979711488 bytes
Redo Buffers               74985472 bytes
Database mounted. ──────MOUNT されたことの通知と
Database opened.  ──────OPEN されたことの通知
SQL>
```

5.5.4 ファイルの使用順序を確認してみる

先ほどの3つのコマンドでは、初期化パラメータファイル→制御ファイル→データファイルの順にファイルを開いていましたが、本当にその順序でファイルが使われているのか確認してみましょう。

まずは「初期化パラメータファイルが正しい場所にない場合」です。すると、リスト5.6のようなエラーが出ました。次は、制御ファイルを消してみます。予想通り、MOUNTができません（リスト5.7）。そして、データファイルを消して起動を試みると、OPENの際にエラーになります（リスト5.8）。ちょっと意地悪して、こっそり古いデータファイルに入れ替えた後に起動を試みてみます。しかしOracleは、チェックの際に古いデータファイルであることに気づき、データのリカバリが必要だと指摘してデータベースをオープンしませんでした（リスト5.9）。

リスト5.6　初期化パラメータファイルが正しい場所にない場合は？

```
 SQL> startup
ORA-01078: failure in processing system parameters
LRM-00109: could not open parameter file '/u01/app/oracle/product/18.0.↵
0/dbhome_1/dbs/inittest.ora'
```

エラーが出て起動できない。「ORACLE instance started.」が表示されていないこと、すなわちNOMOUNTになっていないことに注目

リスト5.7　制御ファイルがない場合は？

```
SQL> startup
ORACLE instance started.

Total System Global Area 2768239832 bytes
Fixed Size                  8899800 bytes
Variable Size             704643072 bytes
Database Buffers         1979711488 bytes
Redo Buffers               74985472 bytes
ORA-00205: error in identifying controlfile, check alert log for more info
```

エラーが出て起動できない。「ORACLE instance started.」が表示されているため、NOMOUNTまでは成功したが、「Database mounted.」が表示されていない。つまりMOUNTに失敗している

リスト5.8　データファイルを消した場合は？

```
SQL> startup
ORACLE instance started.

Total System Global Area 2768239832 bytes
Fixed Size                  8899800 bytes
Variable Size             704643072 bytes
Database Buffers         1979711488 bytes
Redo Buffers               74985472 bytes
Database mounted.
ORA-01157: cannot identify/lock data file 5 - see DBWR trace file
ORA-01110: data file 5: '/u01/app/oracle/oradata/ORCL/users01_1.dbf'
```

エラーが出て起動できない。「Database mounted.」が表示されているため、MOUNTまでは成功したが、「Database opened.」が表示されていない。つまりOPENに失敗している

リスト5.9　古いデータファイルと入れ替えて起動を試みると？

```
SQL> startup
ORACLE instance started.

Total System Global Area 2768239832 bytes
Fixed Size                  8899800 bytes
Variable Size             704643072 bytes
Database Buffers         1979711488 bytes
Redo Buffers               74985472 bytes
Database mounted.
ORA-01113: file 5 needs media recovery
ORA-01110: data file 5: '/u01/app/oracle/oradata/ORCL/users01_1.dbf'
```

エラーが出て起動できない。「Database mounted.」が表示されているため、MOUNTまでは成功したが、「Database opened.」が表示されていない。つまりOPENに失敗している。Oracleはリカバリが必要だと指摘している

Tips

複数バージョンのOracleをインストールするためには？

Oracleのプログラムは、ORACLE_HOMEと呼ばれるディレクトリにあるbinの中に入っています。ということは、複数のバージョンのOracleをインストールするには、ORACLE_HOMEを分ける必要があるわけです。実際、テストなどのために複数のバージョンのOracleをサーバーにインストールすることはけっこうあります。

5.5.5 起動処理のポイント

Oracleの起動に関する要点をまとめると、次のようになります。

- まず初期化パラメータファイルを読んで、バックグラウンドプロセスの生成と共有メモリ（バッファキャッシュや共有プール）の確保をする。これをNOMOUNTと呼ぶ
- 初期化パラメータファイルの記述にある制御ファイルの位置を確認し、制御ファイルを開いてデータベースを構成する各種ファイルの位置を知る。これをMOUNTと呼ぶ。なお、場所を知るだけのため、ファイルがなくてもこの時点ではエラーにはならない
- データファイルやREDOログファイルに問題がなければ（Oracleが内部的に使用するデータのつじつまが合わないなどがなければ）、データファイルの読み書きが可能な状態にする。つまり、SQL文を実行できる状態にする。これをOPENと呼ぶ

なお、Oracleクライアントにサービスを提供する役目を持つサーバープロセスは、データベース起動時にはありません。クライアントからの接続リクエストに応える形で生成されます。これについては、次章で詳しく解説します。

Tips

PFILEとSPFILE

初期化パラメータファイルは「PFILE」と「SPFILE」の2種類が存在し、インスタンス起動時にいずれかを使用します。

デフォルトではSPFILEを使用します。

○PFILE（テキスト初期化パラメータファイル）

テキスト形式のパラメータファイル。テキストエディタによるパラメータの手動変更が可能だが、変更を反映するにはインスタンスの再起動が必要。PFILEはデータベース作成時や、障害発生時に使用する。

○SPFILE（サーバーパラメータファイル）

Oracle 9i以降に追加されたバイナリ形式のパラメータファイル。テキストエディタによるパラメータの手動変更は不可。パラメータの変更にはSQL文（ALTER SYSTEM文）を使用し、反映させる範囲（現行インスタンスのみか、再起動後のみか、両方か）の指定が可能。SPFILEはPFILEから手動で作成するか、データベースを作成するDatabase Configuration Assistant（DBCA）による自動作成が可能。

5.6 業務の終了に相当するOracleの停止

普通の会社やお店であれば、お客さんが帰ってから店じまいを始めます。倉庫会社Oracleも同じです。接続されているすべてのOracleクライアントの接続が終了してから、業務を終了（停止作業）します。この停止作業は起動作業の逆で、データベースをクローズしてからインスタンスを停止します。インスタンスの停止とは、共有メモリの解放とバックグラウンドプロセスの停止のことです。ただし、起動時の逆と言っても、起動時の作業にはない作業があります。それは、バッファキャッシュに散らかったデータの片付けです。第3章で解説しましたが、性能上の理由から、変更されたデータはすぐにはデータファイルに格納されません。

書き込まれていない変更済みデータを、データベースのクローズ作業の一貫としてデータファイルに書き込むのがこの作業です。

以上が通常の終了作業です。起動／停止できるユーザーで、「shutdown」だけを入力した場合に相当します（リスト5.10）。

リスト5.10　通常のデータベースの停止

```
SQL> shutdown
Database closed.
Database dismounted.
ORACLE instance shut down.
      |
メッセージの順番から起動時の逆の手順をしていることがわかる。
インスタンスの shutdown でバックグラウンドプロセスの停止と
共有メモリの解放を行なっている
```

しかし、いつもこのように終了できるわけではありません。SQL文が終わらなかったり、Oracleクライアントが接続を切ってくれなかったり、緊急事態ですぐさま終了させなければならない場合、通常のコマンドが効かない場合など、さまざまなケースがあります。そこで、いろいろなオプションがshutdownには用意されています（表5.1）。

表5.1　shutdownのオプションとその動作

オプション	接続の終了を待つか	変更済みデータをデータファイルに書き込むか
なし（デフォルト）※	接続の終了を待つ	YES
transactional（「トランザクショナル」と読みます）	トランザクションが終わるまで待つ。トランザクションが終わったら接続を切ってしまう	YES
immediate（「イミディエート」と読みます）	NO。コミットされていないデータは失われてしまう	YES
abort（「アボート」と読みます）	NO。コミットされていないデータは失われてしまう	NO

※データベース接続状態を保持できるコネクションプールを使用するケースでは、アプリケーションが終了するまで接続を終了させません。そのため、コネクションプールではオプションの指定が必須の場合があります。

この表からわかるように、abortの場合には変更済みのデータをデータファイルに書き込まずに終了してしまいます。しかし、OracleはDBMSですから、データを失わせるわけにはいきません。次の業務開始の際にデータを復旧させます。この作業は「インスタンスリカバリ」と呼ばれます。データファイルに書き込まれていないデータをどのように復旧させるかと言うと、REDOログファイルのデータを使用します。このREDOログファイルは変更内容が記述されているため、古いデータファイルの内容を最新のものにすることができます。なお、インスタンスリカバリはユーザーが意識する必要はありません。起動時にOracleが勝手に行なってくれます。

同様に、OSの障害やマシンの障害などでOracleが異常終了した場合も、このインスタンスリカバリが行なわれます。ただし、キャッシュ上の変更済みデータが失われただけではなく、データファイルが存在しないなどのファイルに関する障害も発生していた場合には、本格的な復旧作業が必要です。

COLUMN

データベースの作成と破壊を実際にやってみよう

数年前になりますが、筆者が社内教育をしていたときも、よく生徒にデータベースの作成やデータベースの破壊をやらせていました。本書ではアーキテクチャを中心に解説していますが、DBMSを学ぶためには実践も欠かせません。データベースの作成やデータベースの破壊をすると、内部構造の理解はもちろん、普段のオペレーションも自信を持ってできるようになるため、ぜひ壊してもかまわない環境でやってみてください。

5.7 手作業でのデータベース作成

実践がどのように役立つのかを紹介するという意味で、応用知識を解説します。最近では「DBCA（Database Configuration Assistant）」と呼ばれるツールで簡単にデータベースを作成できますが、手作業で作成することでさまざまなことを学べます。データベースの作成をたとえて言うと「社員を集め、倉庫を作ること」でしょうか。

図5.4（p.82）を見ながら、完成後のデータベースのファイル構成をイメージしてください。どのファイルをどの順にどこに作成すれば良さそうでしょうか？　データベース作成の際のファイル作成順と、起動時にアクセスする順番は基本的に同じになります。したがって、まずは初期化パラメータファイルを作ります。既存のファイルからコピーしてもかまいませんが、最低でもデータベース名やインスタンス名、制御ファイルのパスは変えましょう（リスト5.11）。

リスト5.11　初期化パラメータファイルの例

```
db_name=ORCL

control_files = (/u01/app/oracle/oradata/ORCL/ontrol01.ctl, /u02/app/⏎
oracle/fast_recovery_area/ORCL/control02.ctl)
db_files = 80

db_block_size = 8192
db_cache_size = 1800M
shared_pool_size = 600M
log_buffer = 67108864

undo_management = AUTO
undo_tablespace = TS_undo

compatible='18.0.0'
processes = 200

log_archive_dest_1 = 'LOCATION=/u01/app/oracle/oradata/ORCL/arch'
diagnostic_dest = /u01/app/oracle
```

（control_files～db_files）制御ファイルの位置情報および、データベースに対してオープンできるデータベースファイルの最大数に関する情報

（db_block_size～log_buffer）主に共有メモリ（各種キャッシュ）に関する情報

（log_archive_dest_1～diagnostic_dest）REDOログのアーカイブ（保存）場所や各種エラーログの場所の指定

次に、環境変数ORACLE_SIDを変更し、SQL*Plusを起動します。起動／停止とデータベースの作成ができる管理者にスイッチします。この時点では初期化パラメータファイルしかないため、「startup nomount」を実行します。これでインスタンスができました。起動のステップを考えると、これから制御ファイル、データファイル、REDOログファイルを作らねばなりません。これらはCREATE DATABASE文で行ないます（リスト5.12）。

リスト5.12　データベース作成の例

```
SQL> create database ORCL
user sys identified by king825
user system identified by queen549
logfile
group 1 ('/u01/app/oracle/oradata/ORCL/redo01.log','/u01/app/oracle/
oradata/ORCL/redo11.log') size 1G,
group 2 ('/u01/app/oracle/oradata/ORCL/redo02.log','/u01/app/oracle/
oradata/ORCL/redo12.log') size 1G,
group 3 ('/u01/app/oracle/oradata/ORCL/redo03.log','/u01/app/oracle/
oradata/ORCL/redo13.log') size 1G
maxlogfiles 6
maxlogmembers 2
maxdatafiles 80
character set JA16SJIS
archivelog
datafile '/u01/app/oracle/oradata/ORCL/system.dbf' size 4G
sysaux datafile '/u01/app/oracle/oradata/ORCL/sysaux.dbf' size 4G
default temporary tablespace TS_temp tempfile '/u01/app/oracle/oradata/
ORCL/TS_temp01.dbf' size 8G
undo tablespace TS_undo datafile '/u01/app/oracle/oradata/ORCL/TS_undo
01.dbf' size 8G;

Database created.
```

データベースの管理ユーザーの作成。このユーザーを使ってデータベースを管理する

REDOログファイルの情報。この情報をもとにREDOログファイルを作成する。また、制御ファイルにも情報を格納する

データベースを構成するデータファイルの情報。この情報をもとにデータファイルを作成する。また、制御ファイルにも情報を格納する

CREATE DATABASE文が終わると、自動的にOPEN状態になります。あとは、カタログの作成（管理用のビューなどの作成）や業務用に使用するデータファイルを作成します。この部分は省略しますが、興味のある方はマニュアルを確認してください。

5.8 まとめ

次の2つの質問に答えてみてください。この章の内容の重要性が理解できるはずです。

Q1. 制御ファイルが壊れた場合、制御ファイルを作成するコマンドを使用できます。どの状態（SHUTDOWN、NOMOUNT、MOUNT）なら、そのコマンドを使用できるでしょうか？

Q2. データベースのファイルが壊れたときは、リカバリを行なわなければなりません。では、重要なデータファイルが壊れていてデータベースがOPENできない場合、リカバリコマンドの実施はどの状態（SHUTDOWN、NOMOUNT、MOUNT）で行なうのでしょうか？

A1. 制御ファイルが壊れていた場合、MOUNTできません。つまり、NOMOUNT状態で制御ファイルを作成するコマンドを使用します。

A2. データファイルの位置がわかっていなければ、リカバリすることはできません。したがって、MOUNT状態でリカバリのコマンドを実行します。

次のイメージが頭の中で組み立てられますか？　組み立てられれば、この章の内容を十分に理解できています。

- 社員が出社して倉庫をチェックし、それから業務を開始（オープン）するイメージ。なお、営業は顧客から連絡が来てから（コネクトされてから）出社する
- ファイルの種類と意味、および起動時に読み取られる順序

最後に、図5.5にOracleのアーキテクチャをまとめました。図中には起動／停止の解説が含まれていませんが、この図を見ながら、いつプロセスが生成されるのかや、どんな順にファイルにアクセスされるのかをイメージしてみてください。

さて、この章で詳しく触れなかった、サーバープロセスの起動については次章で、表領域やデータファイルについては第7章で、REDOとUNDOについては第9章で、各種バックグラウンドプロセスについては第11章で解説します。

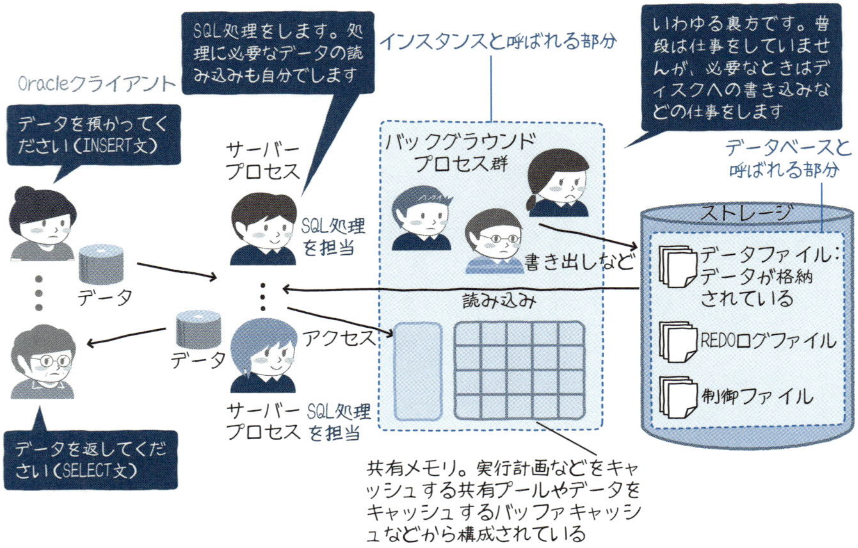

図5.5　Oracleのアーキテクチャ（まとめ）

COLUMN

制御ファイルの重要性

この章の解説で、制御ファイルの重要性を理解いただけたでしょう。データファイルという実際にデータが入っているファイルが壊れなくても、制御ファイルが壊れただけでデータベースは使えなくなってしまうのです。この制御ファイルには、データファイルなどの構成情報が入っています。そのため、データファイルの追加／削除、REDOログファイルに関する変更を行なった場合には、制御ファイルのバックアップをとっておくようにしましょう。もちろん、普段のバックアップの際にも忘れずに制御ファイルのバックアップを取得しておきましょう。

第6章

接続とサーバープロセスの生成

前章で、Oracleを倉庫会社にたとえながら、データベースが立ち上がるところまで解説しました。これだけでは、まだSQL処理は開始できません。アプリケーションからOracleへの接続と、サーバープロセスの生成が必要です。そこでこの章では、アプリケーションからOracleへの接続全般と、サーバープロセスの生成について解説します。

6.1 なぜ、アプリケーションからの接続を学ぶのか？

なぜならアプリケーションからの接続を工夫することにより、データベースの性能を引き出すことができるからです。また、接続を知ることで、避けなければならないアプリケーションのコーディングの理解にもつながります。

Oracleは、アプリケーションサーバーを使用したシステムやクライアントサーバー形態[※1]のシステムでも多く使用されています。つまり、同一マシン上にOracleとOracleを使うアプリケーションが載っていないことが多く、アプリケーション（Oracleクライアント）とOracleがネットワーク経由で通信する場合が多いということです。そのため、どうしても設定トラブルが発生してしまいますが、簡単なトラブルの場合、アーキテクチャを知っていれば解決できることが多いのです。

なお、この章の一部の解説はWindows上のOracleには当てはまらない場合があります。ただし、内部構造の多くは同じですが、UNIXのほうがプロセスの動きが確認しやすいため、UNIX上のOracleを理解することがWindows上のOracleを理解するための早道でもあると筆者は考えます。ぜひWindows上のOracleを使用する方もお読みください。

※1 多くの場合、クライアントサーバーとは、「クライアント」と呼ばれるシステム利用者が使用するクライアントマシンとその上で動くクライアントプログラム、および「サーバー」と呼ばれるクライアントに対してサービスを提供するサーバーマシンとその上で動くサーバープログラムから構成されています。

6.2 Oracleの接続動作

6.2.1 ソケットの動作イメージ

Oracleは、ネットワークの通信手段として、多くの場合にTCP/IPのソケットを使います。そこで、ソケットの動作のイメージを頭に思い浮かべられるようになってください。

ソケットのイメージは「電話」です。ソケットを使うことによって、別々のマシン上にあるプログラム同士が通信できます。マシンの中でプログラム（プロセス）が動いていて、そのプロセスが受話器に相当するソケットを持っているというイメージです（図6.1）。

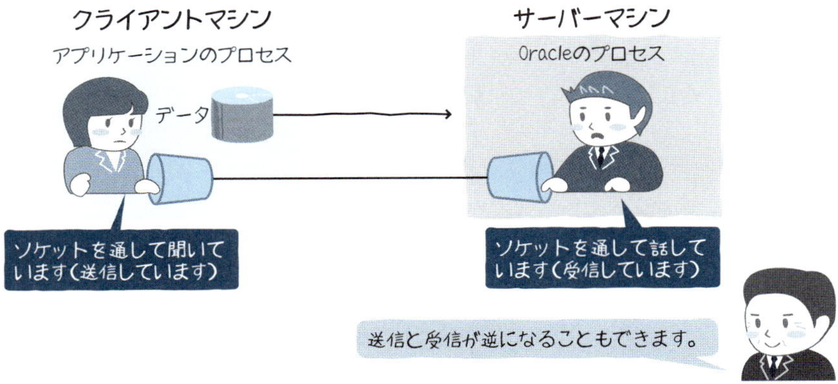

図6.1　ソケットの動作イメージ

プロセスからすると、一度ソケットを作ってしまえば、ソケットに対して読み書きをするだけで送受信が実現できるため、便利な機能と言えます。実際の送受信は、ネットワークのドライバやOSのライブラリが行なってくれます。ネットワークの中には複数のソケットが存在します。では、どのようにして間違えずに接続しているのでしょうか？　実は、「アドレス」と「ポート番号」と呼ばれる番号の組み合わせでソケットは識別できるのです。接続の動作と合わせて解説しましょう（図6.2）。図6.2のポイントは、連絡が来るのを待っているプロセスが存在している点と、接続の際には送信側が「アドレス」と「待っているポート」の2つを指定しなければいけない点です。

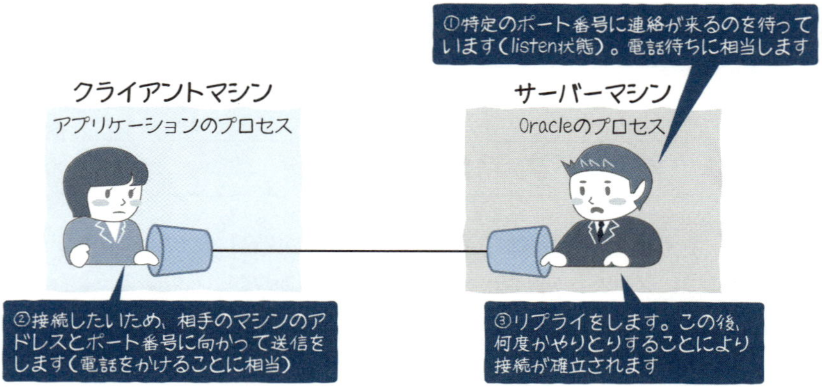

図6.2　ソケットの接続のイメージ

6.2.2 Oracleでのソケットの動作

Oracleでもソケットを使っている以上、図6.2と同じような動作をしています。Oracleでは、受信待ちしているプロセスを「リスナー」と言います（サーバープロセスではありません）。接続を試みるプロセスは、業務アプリケーションのプロセスです。Oracleの接続の概要は図6.3の通りです。

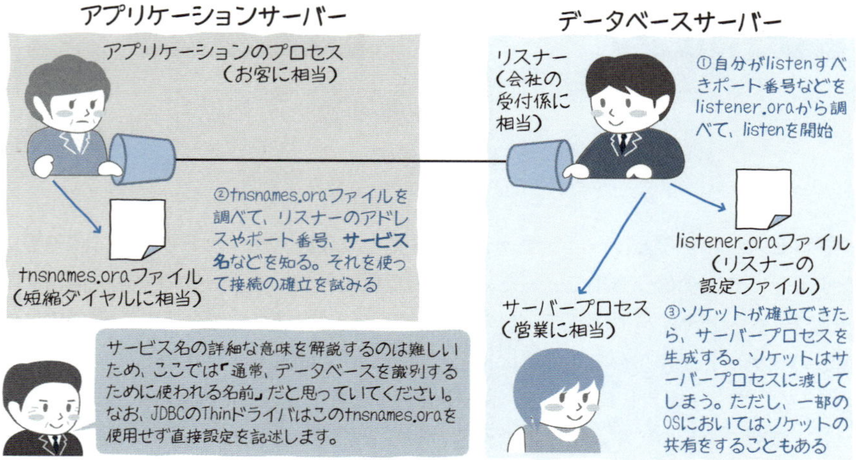

図6.3　Oracleの接続の概要

6.2.3 接続処理①：リスナーを起動する

接続処理の詳細を、倉庫会社Oracleにたとえながら解説します。リスナーは倉庫会社Oracleの受付係です（図6.3の①に相当）。listener.oraファイルは、受付係の持つ「会社の代表電話番号」および「内線簿」です。リスナーは1つで複数のデータベースを案内できます。とはいっても、たいていは1つのリスナーで1つのデータベースを担当します。

Oracleの場合、リスナーのポート番号として通常は1521番を使いますが、ほかのアプリケーションとぶつかる場合には別の番号を使ってもかまいません。リスナーの設定[※2]が終了したら、lsnrctlというツールを使ってリスナーを起動します（リスト6.1）。リスナーが自分が案内しなければいけないデータベースを知る方法としては、listener.oraファイルに書かれている設定を読む、もしくはデータベースからの自動登録の2通りがあります。通常は簡単な自動登録を選びましょう。これで受付係が出社して準備が整った状態になりました。いつお客から電話がかかってきても大丈夫です。

リスト6.1　リスナーの起動

```
OSプロンプト> lsnrctl start ―― デフォルトのリスナーに対して起動を行なうコマンド

LSNRCTL for Linux: Version 18.0.0.X.X - Production on XX-XXX-2018 18:16:23

Copyright (c) 1991, 2017, Oracle.  All rights reserved.

Starting /<ORACLE_HOME>/bin/tnslsnr: please wait... リスナーの定義ファイルである
                                                    listener.oraファイルのありか
TNSLSNR for Linux: Version 18.0.0.0.0 - Production
System parameter file is /<ORACLE_HOME>/network/admin/listener.ora
Log messages written to /<ORACLE_BASE>/tnslsnr/hostname/listener/↵
alert/log.xml
Listening on: (DESCRIPTION=(ADDRESS=(PROTOCOL=tcp)(HOST=XXXX)(PORT=1521)))
Listening on: (DESCRIPTION=(ADDRESS=(PROTOCOL=ipc)(KEY=EXTPROC1521)))
:
<中略>        このメッセージが出れば
              コマンドが成功したということ              このホストのこのポートで
:                                                       Listenしているということ
The command completed successfully
```

6.2.4 接続処理②：アプリケーションからの接続

次に、業務アプリケーション側からの接続です（図6.3の②に相当）。業務アプリケーションの中で接続の命令が実行された場合や、SQL*Plusでconnectコマンドが実行

※2　最近では、リスナーやOracleクライアントの設定をツールで行なう方法が主流になってきています。今回は内部動作を紹介したいため解説していませんが、実際に設定する際にはツールをお使いください。

された場合に接続が行なわれます。

ここではまず、接続に必要な情報をOracleクライアントに渡す必要があります。その情報を「接続記述子」と言います。「アドレスが*XXX*で、ポートが*XXX*で、サービス名が*XXXX*……」といった情報のことです。しかし、接続の際にいちいち記述していられないため、通常はtnsnames.oraに接続記述子を載せておいて、それに対する接続識別子（短縮名）を付けます。このため、接続する際には、その接続識別子をOracleクライアントに渡すだけで済みます。電話で言うところの、"短縮ダイヤル"です。Oracleクライアントは通常、tnsnames.oraの接続記述子の情報を使って、リスナーとの間にソケットを作り、リスナーに「このデータベースと通信したい」という連絡をします。リスト6.2にtnsnames.oraの例を、リスト6.3にアプリケーションの接続の例を紹介します。

リスト6.2　tnsnames.oraの例

```
ORA18C =
  (DESCRIPTION =
    (ADDRESS = (PROTOCOL = TCP) (HOST = XXXX) (PORT = 1521))
    (CONNECT_DATA =
      (SERVER = DEDICATED)
      (SERVICE_NAME = orcl)
    )
  )
```

- ORA18C =：接続識別子：任意の名前を設定可能でネット・サービス名とも呼ばれる
- (DESCRIPTION = …)：接続記述子
- (ADDRESS = …)：ソケットを作るために必要な情報
- (SERVER = DEDICATED) (SERVICE_NAME = orcl)：リスナーに渡すための情報

リスト6.3　アプリケーションのさまざまな接続命令の例

SQL*Plusの場合

```
SQL*Plusのプロンプト> CONNECT scott/tiger@ora18c
```

ora18c：接続識別子が書かれている（通常大文字／小文字は区別しない）

PRO*Cの場合

```
EXEC SQL CONNECT :username IDNETIFIED BY :password USING :dbstring ;
```

:username、:password：ユーザー名とパスワードを入れる変数
:dbstring：接続識別子を入れる変数

JDBC OCIドライバの場合※

```
OracleDataSource ods = new OracleDataSource () ;
ods.setURL ("jdbc:oracle:oci:@ORA18C") ;
ods.setUser ("scott") ;
ods.setPassword ("tiger") ;
Connection conn = ods.getConnection () ;
```

ORA18C：接続識別子が書かれている

JDBC Thinドライバの場合※

```
OracleDataSource ods = new OracleDataSource () ;
ods.setURL ("jdbc:oracle:thin:@//XXXXX:1521/orcl) ;
ods.setUser ("scott") ;
ods.setPassword ("tiger") ;
Connection conn = ods.getConnection () ;
```

Thinドライバの場合、tnsnames.oraを使わないため、接続のための情報を直接書く

※JDBC OCIドライバとはOracleの提供するJDBCドライバの一種で、インストールが必要なドライバです。
JDBC Thinドライバとはoracleの提供するJDBCドライバの一種で、インストールが必要ない(ファイルのコピーだけで十分な)、Javaだけで書かれたドライバです。

6.2.5 接続処理③：サーバープロセスの生成

最後はサーバープロセスの生成とソケットの引き継ぎです。ソケットを作成したらリスナーがそのままSQL処理を行なっても良さそうなものですが、SQL処理を始めるとその処理にかかりきりになってしまうため、すみやかに専任の営業担当であるサーバープロセスを生成して処理を引き継ぎます。サーバープロセスの生成をたとえて言うと、「営業の出社」です。この部分（会社に顧客のリクエストが届いてから出社してもらう）が現実の会社と異なるところです。通常、リスナーからのリクエストがあるまでプロセスが生成されないため、「出社」という表現をしています。しかし「出社してもらう」というたとえが適切に思えるほど、このサーバープロセスの生成は大変な作業なのです。

まず、OS上にプロセスを生成させなければなりませんし（一般に、プロセスの生成は重いことで知られています）、サーバープロセスが共有メモリを使えるようにしなければなりません。また、サーバープロセス用のメモリの確保も必要です。それ以外にも、データベース内部の処理がまだまだあります。そのため、1回のサーバープロセスの生成は、軽いSQL文の数倍から数十倍以上ものCPU時間を使用してしまうのです。しかし、最近になっても、サーバープロセスの生成が必要な物理接続と切断を繰り返すようなアプリケーションを作成しているプロジェクトを見かけることがあります（リスト6.4）。みなさんはこのようなことをしないように注意してください。

リスト6.4　接続切断を繰り返す例

```
... 業務処理のコード...

Connection conn = ods.getConnection () ;
・・・executeQuery (“select ・・・”) ;
conn.close () ;

... 業務処理のコード...

Connection conn = ods.getConnection () ;
・・・executeQuery (“select ・・・”) ;
conn.close () ;

... 業務処理のコード...

    ⋮
```

業務処理をしている中で、データベースのデータが必要になった。そこでconnectをしてデータを取得した。その後、すぐにコネクションを閉じてしまった

また、データベースのデータが必要になった。そこで再度connectをしてデータを取得した

接続をクローズせずに使い続ければ、SQL処理の何倍、何十倍もの重さの接続処理をしなくて済む。このような使い方は自分でシステムのレスポンスを下げているようなものと言える。ただし、6.5節で後述する「コネクションプール」と呼ばれる技術を使用していると、アプリケーションからは接続しているように見えても、実際には物理接続していない（サーバープロセスも生成しない）ように処理できるため、その場合は問題ない

サーバープロセスの生成が終了すると、リスナーはソケットをサーバープロセスに引き継ぎます[※3]。たとえて言うと、受付が会社の代表電話番号で受けた電話を担当者に転送するイメージです。引き継いだ後は、サーバープロセスとOracleクライアントが直接やりとりをします。これによってリスナーは自由になります。これは、本書の第1章で挙げたOracleを理解するためのキーワード「並列処理を可能にし、高スループットも実現」にあたります。

Tips

サーバープロセス生成が重い？

リスナー経由でOracleへ接続する場合、リスナーがサーバープロセスを生成してクライアントとのコネクションを確立させます（専用サーバー接続の場合）。プロセスを生成させるには、さまざまな処理が必要です（図6.A）。まず、OSから新しいメモリを割り当ててもらい、メモリ空間をOracle用に初期化し、SGAへアクセスできるように各種の設定を行ないます。その後、Oracleを正しく使用できるようにパラメータを読み込んだり初期化のためのSQLを発行したりします。

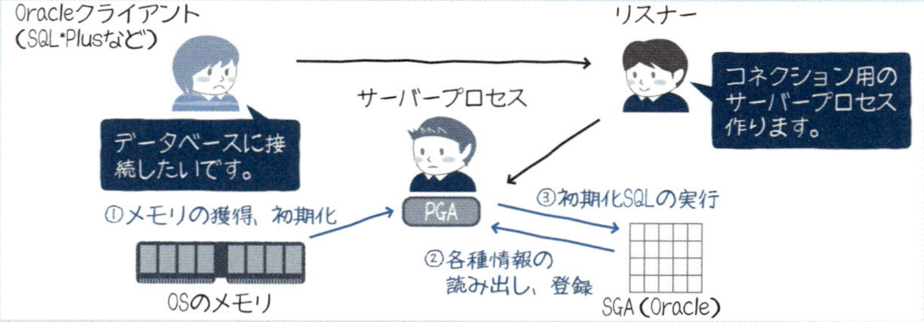

図6.A　サーバープロセス生成時の処理

クライアントから発行される一般的なOLTPのほとんどは簡潔なSQL文で、接続処理に比べると非常に短い時間で処理が済むことが多いです。筆者のLinuxマシン（CPU：Core i5/2.6GHz）で試したところ、1つのコネクションの生成に0.048秒ほどかかっていました。一見0.048秒なら大したことないと思うかもしれませんが、TPS（Transactions Per Second）が数百～数万というシステムも珍しくなく、SQL文の実行の度にコネクションを確立していては合計でかなりの時間がかかってしまいます。そう考えると、コネクション生成は大変重い処理であることがわかるでしょう。

※3　正確には、ソケットを引き継ぐ場合のほかにも、クライアントから再接続してもらう場合、ソケットを共有する場合などがありますが、たいていは引き継ぐ動作をします。

6.3 接続動作の確認

イメージと解説だけではなく、問題がある環境で実際に接続を試みた結果も見てみましょう。それによって、動作を理解し、トラブル時の対応方法を少しでも理解してもらえればと思います。

6.3.1 tnsnames.oraファイルを使わないとどうなるか？

tnsnames.oraファイル内の接続識別子は短縮ダイヤルと解説しました。では、本当に短縮ダイヤルかどうかを試してみましょう。

リスト6.5は、tnsnames.oraファイルを使わずに長い接続記述子を直接書いて接続した例です。通常は、長い接続記述子を書くのは大変なため、リスト6.6のように短縮ダイヤルが書かれているtnsnames.oraファイルを使用します。頻繁に接続しない環境であれば、リスト6.7のような簡易接続ネーミングメソッド（EZCONNECT）という方法で接続することも可能です。それでもtnsnames.oraへ登録しておいたほうが接続は簡易になるため、頻繁に接続する環境であればtnsnames.oraファイルを使用しましょう。

リスト6.8は、tnsnames.oraファイル内に短縮ダイヤルに該当する記載がない場合です。

リスト6.5　tnsnames.oraファイルを使わずに接続した場合

```
SQL> connect scott/tiger@ (DESCRIPTION = (ADDRESS = (PROTOCOL = TCP) (HOST ⏎
= XXXX) (PORT = 1521)) (CONNECT_DATA = (SERVER = DEDICATED) (SERVICE_NAME = ⏎
orcl)))
Connected.     こんなに長い記述を毎回書くのは大変なため、
               tnsnames.ora に短縮ダイヤルに相当する接続識別子を記述して、それを使う
```

リスト6.6　tnsnames.oraファイルを使用した接続例

```
SQL> connect scott/tiger@ORA18C
                          接続識別子
tnsnamse.ora の設定
=========================================          接続記述子
ORA18C = 接続識別子
(DESCRIPTION =
 (ADDRESS = (PROTOCOL = TCP)(HOST = XXXX)(PORT = 1521))
 (CONNECT_DATA =
  (SERVER = DEDICATED)
  (SERVICE_NAME = orcl)
 )
=========================================
```

リスト6.7　簡易接続ネーミングメソッド（EZCONNECT）の接続例

```
SQL> connect scott/tiger@XXXX:1521/orcl
                           ホスト名（アドレス）：ポート／サービス名
```

リスト6.8　tnsnames.oraファイルに該当するデータがない場合

```
$ sqlplus scott/tiger@XXXX
                            「接続識別子が解決できない」と言っている。
SQL*Plus: Release XX.X.     平たく言うと接続識別子がtnsnames.oraファイルに
・・・中略・・・                見つからなかったということ
 ERROR:
ORA-12154: TNS:could not resolve the connect identifier specified
```

6.3.2 データベースサーバー側の動作

tnsnames.oraファイルの設定はできました。今度は接続を試みている（ダイヤルをかけている）ようですが、まだエラーが出ます（リスト6.9）。どうやらリスナーが起動していなかったようです。次にリスナーを起動してみましたが、まだエラーが出ます（リスト6.10）。

リスト6.9　リスナーが起動していない場合

```
$ sqlplus scott/tiger@XXXX
                           指定したポートでlistenしているリスナーがいなかったため、
SQL*Plus: Release XX.X.    「リスナーがいない」と表示されている。このメッセージが出た
・・・中略・・・               ときは、リスナーが立ち上がっていないか、間違ったアドレスを
ERROR:                     指定しているケースが多い
ORA-12541: ORA-12541: TNS: リスナーがありません
```

リスト6.10　リスナーの持っているデータベースの情報と一致しない場合

```
$ sqlplus scott/tiger@XXXX
                           リスナーは接続記述子でリクエストされたサービス
SQL*Plus: Release XX.X.    （ここではほぼデータベースに相当）が
・・・中略・・・               見つからなかったと言っている。
ERROR:                     リスナーまではリクエストが届いたということ
ORA-12514: TNS: リスナーは接続記述子でリクエストされたサービスを現在認識していません
```

このような接続できないというトラブルは、現場で頻繁に起きます。トラブル時のためにも、何がどんな役割で、どんな動きをして、どこに情報が書かれているのかを理解しておいてください。たいていのトラブルに関しては、どこに問題があるのかすぐにわかるはずです。なお、エラーの番号をもとにマニュアル[※4]を調べると対処法が書いてあるので、そちらも参照してください。

Tips

データベースへ接続できない場合のありがちなミス

データベースに接続しようとすると「ORA-12154: TNS *xxxxxx*」エラーが発生して、うまく接続できないことがあります。接続できない原因は多岐にわたりますが、意外と「設定ミス」が原因である場合が多く、筆者が遭遇したものを紹介します。

○接続先ホスト名（IP）を誤っている

tnsnamse.oraファイルで「HOST = 192.168.56.*xxx*（通信できないホスト）」を設定しています。pingコマンドで接続先ホストと通信できることを確認してください。

○tnsnames.oraが適切なディレクトリに配置されていない

デフォルトでは$ORACLE_HOME/network/admin配下のファイルを確認します。正しいディレクトリにファイルを配置していることを確認してください。TNS_ADMIN 環境変数を設定することで任意のディレクトリを確認しに行かせることも可能です。

○tnsnames.oraの定義と異なる接続識別子で接続する

sqlplus scott/tiger@ORA17C <--「ORA18Cの間違いでtnsnames.oraには定義されていない」
コマンドの接続識別子がtnsnames.oraに正しく定義されていることを確認してください。

○リスナーが起動していない

接続先ホストでリスナーが起動していることを確認してください。

○リスナーにサービス名が登録されていない

リスナー起動直後はサービス名が自動登録されていないことがあります。1分ほど待つか、データベースでサービス名登録のコマンドを実行します。

ほかにも、「電源が入っていない」「LANケーブルが抜線していた」など基本的なことが原因ということもありえます。エラーが発生しても焦らずに、1つ1つ原因を切り分けていくことが大事です。

※4　マニュアル『Oracle Databaseエラー・メッセージ, 18c』

6.4 停止やリスナーの状態確認

ここまで触れていなかった、各プロセスの停止やリスナーの状態確認についても簡単に解説しておきましょう。

アプリケーション側で接続終了の処理（closeやdisconnect）をすると、サーバープロセスも終了します（プロセスがいなくなります）。これが通常のサーバープロセスの終了方法です。

リスナーの停止はどうでしょうか？　リスナーはlsnrctlコマンドで停止させることができます。また、lsnrctlのstatusコマンドで現在のリスナーの稼働状態や、listenしているポートの番号、保持しているデータベースの情報などがわかるため、接続できないトラブルが起きた場合には活用してください。

COLUMN

強制的に接続を切るコマンド

多くの環境で、OracleはTCP/IPを使っています。TCP/IPからエラーが返ってこないと、Oracleは問題に気がつかないことがあります。たとえば、もうOracleクライアントはいないのに、サーバープロセスはデータベースのロックを持って、Oracleクライアントからの連絡が届くのを待っていることもあります。また、処理の途中で表にロックをかけたまま、ユーザーが昼食に出かけてしまったという話もあります。このような行為が、アプリケーションの処理全体を止めてしまうかもしれません。

そのような場合、通常は次のコマンドで接続を切断してロックを解放するか、インスタンスの再起動で対処します。

```
alter system kill session ... ;
```

「いざというときにはalter system kill sessionにより、セッション（クライアントとOracle間の接続）を切ることができる」と覚えておきましょう。また、切れていることが早期に自動的に検出されるTCP/IPの設定もおすすめです。なお、次節で触れるコネクションプールを使用する場合は、1つのコネクションが切断されるとすべてのコネクションが再接続されるものもあるため、注意してください。

6.5 性能を改善するには？

ここからは応用編です。接続およびサーバープロセスの生成は大変であることを解説しました。この大変な処理を「並列処理を可能にし、高スループットも実現」を守りながら、改善できないものでしょうか？

ここでヒントになるのが「現実のシステムでは、多くの時間、サーバープロセスは何もしていない」という事実です。何十、何百というサーバープロセスのシステムも珍しくありませんが、たいていのサーバープロセスは大部分の時間、SQL処理をしていません。とは言っても、クライアントに対して1対1でサーバープロセスが存在する以上、サーバープロセスの数を減らす（アプリケーションを減らす）ことは困難です。それでは、現実の営業担当者のように、1人のサーバープロセスが複数のクライアントを担当するというのはどうでしょうか。しかし、これには問題があります。サーバープロセスはSQL文の処理をするプロセスです。逆に言うと、処理を始めてしまうと終わるまでほかのことをしてくれないのです。クライアントが1人であれば問題ありませんが、1人でたくさんのクライアントを担当しようとすると、偶然リクエストが重なったときに困ってしまいます。これでは「並列処理を可能にし、高スループットも実現」とは言えません。

そこで、複数のサーバープロセスで複数のクライアントのSQLを処理するようにすれば、効率が良いと考えられます。言い方を変えると、「サーバープロセスをいくつかプールしておいて、多数のアプリケーションが自分の使いたいときだけ、プールの中から1つを使う」というアーキテクチャです。そのような構成として、Oracleの「共有サーバー接続」や「コネクションプール」と呼ばれるものがあります。最近はコネクションプールを使うことが多いため、こちらを簡単に紹介しましょう。コネクションプールの構造は多くの場合、図6.4のようなものです。

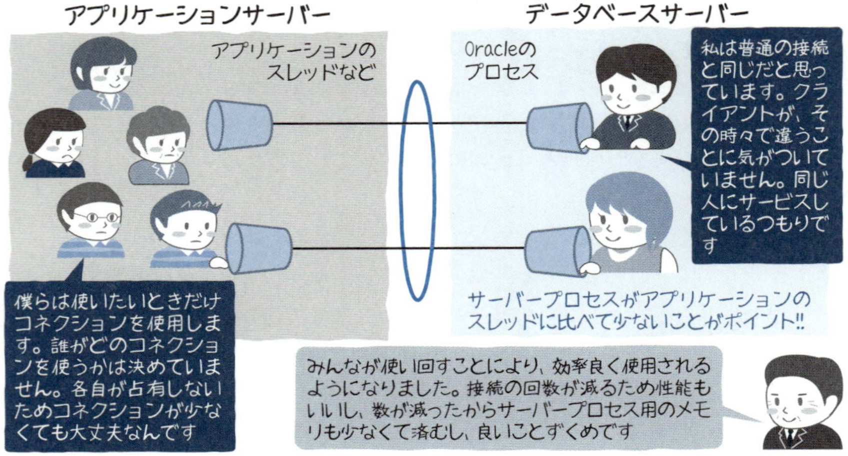

図6.4　コネクションプールのイメージ図

COLUMN

「scott」と「tiger」のトリビア

本書でもサンプルユーザーとして、scott/tigerが出てくるように、scott/tigerは世の中に広く知られています。これにはどんな由来があるのでしょうか？　実はscottは、初期のころにOracleを作っていた開発者の名前（Bruce Scott）です。そして、tigerは彼の飼い猫の名前なのだそうです。たまに、本番環境のユーザーとパスワードにscott/tigerを使用しているDBAを見ることがありますが、みなさんは類推しやすいこのようなパスワードはやめましょう。

6.6 まとめ

この章では次の内容を解説しました。

- 接続のためにはデータベースサーバーのアドレス、リスナーのポート番号が必要
- tnsnames.oraというファイルに接続のための情報を書いておく（JDBC Thinドライバを除く）
- リスナーというプロセスが接続要求を受け付ける。サーバープロセスの生成も行なう
- listener.oraというファイルにリスナーの設定（ポート番号など）を書いておく
- サーバープロセスの生成は非常に重いため、できる限り減らすべき

ここで恒例！　まとめ代わりの質問です。

Q. リスナーを停止させた場合、既存コネクションはどうなってしまうのでしょうか？　SQL処理はできるのでしょうか？

A. 既存コネクションには何の影響もなく、SQL処理も行なわれます。「6.2.5 接続処理③：サーバープロセスの生成」で解説したように、リスナーはすぐにソケットをサーバープロセスに渡し（もしくはソケットを共有し）、以後はサーバープロセスとOracleクライアントが直接やりとりをします。そのため、リスナーは関係ないのです。今でも「リスナーを止めたらSQL処理がいっさいできなくなる」と思っている方は多くいますが、そんなことはありません。

図6.5が今までのアーキテクチャの図にこの章の内容を入れたものです。図を見ながら、動作のイメージがわくかどうか確認してみてください。

次章では、表領域やデータファイルやエクステントについて説明します。

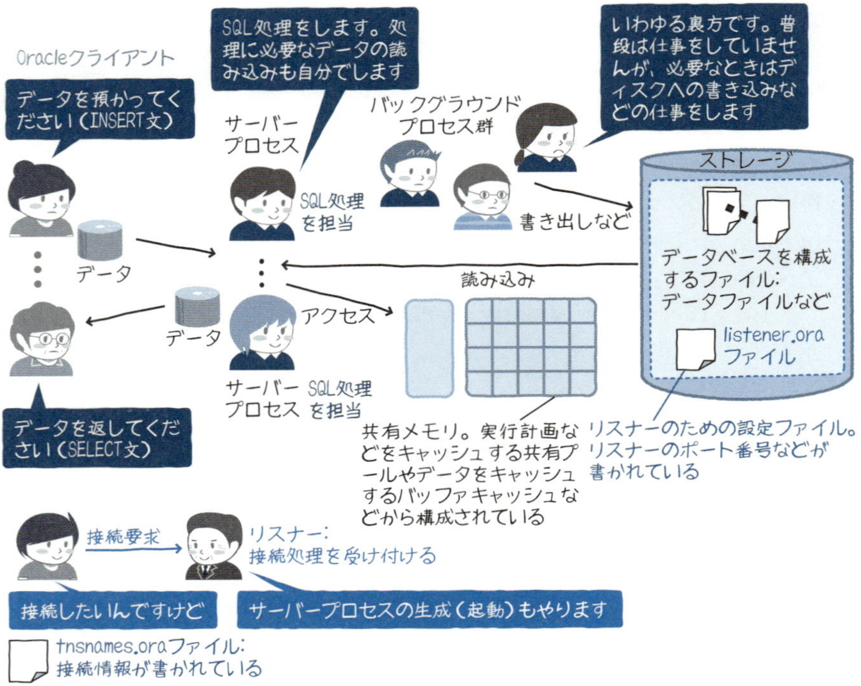

図6.5　Oracleのアーキテクチャ（まとめ）

第7章

Oracleのデータ構造

前章まで2章にわたって、データベースが立ち上がるまでの処理と、接続に必要な処理について解説しました。この章では、データを出し入れする際にどのようにデータを格納すると都合が良いのかという点を踏まえて、Oracleにおける実際のデータ格納のされ方、いわゆる「データの構造」について解説します。表領域、セグメント、エクステント、ブロックといった言葉にするとわかりづらい概念も、図で確認して理解してください。

7.1 なぜ、Oracleのデータ構造を学ぶのか？

Oracleでは渡されたデータをそのまま格納するわけではなく、いくつかの入れ物に分けて格納するなどの工夫をしています（"どうしてそのようにしているのか"は以降のページで解説します）。そのため、入れ物の話（データの構造）は日常の業務で頻繁に登場し、避けて通れません。また、アプリケーション開発チームであっても、表やインデックスの作成や作成依頼をする以上、ある程度の知識は必要となります。パフォーマンスを考える際にもデータ構造の知識は必要です。

以下のキーワードは本章で解説するデータ構造に関わる用語です。聞いたことがないものもあるかもしれませんが、実際にデータベースを管理する際には頻繁に登場するキーワードでもあるため、本章でしっかり理解しておきましょう。

- 表領域
- セグメント
- エクステント
- ブロック
- データファイル

たとえば、「表領域がいっぱいになってしまったからデータファイルを追加しよう」だとか、「"ORA-30036: 8（UNDO表領域'UNDOTBS1'内）でセグメントを拡張できません"というエラーが発生してしまった」など、通常運用からトラブル発生時の対応まで、これらの用語が使われる（データ構造を理解しておくべき）場面はたくさんあります。

当たり前の話ですが、Oracleはデータを管理するシステムなので、データをどう格納しているのかということはOracleの理解に欠かせない部分です。データ構造は複雑なため、難しいと感じるかもしれませんが、それぞれの関係性を意識しながら、何度も読み返して必ず理解してください。

7.2 可変長のデータを管理するプログラムを作るには?

Oracleのデータ構造を学んだことのある方は、「Oracleのデータ構造は何でこんなにも複雑なんだろう?」と感じるようです。そこで、複雑な理由を理解していただくために、まずは次の質問に対する答えを考えてみてください。

Q. 複数の表のデータをファイルで管理するためのプログラムを、一から作成するとします。このプログラムのアーキテクチャを想像してみてください。管理するデータは可変長で、長くなることもあれば、短くなることも、削除されることも、生成されることもあるとします。

素直に考えると、どの表かには関係なく、ファイルの先頭から順番にデータを入れていけば容易に実現できそうです。それでは、この方式にした場合、どのような状況が発生するのか考えてみましょう。データを順番に入れているだけなら問題ありません。しかし、図7.1のように、一度入れたデータを大きくする際に問題が起きます。しかも、データを同時に処理することができません。

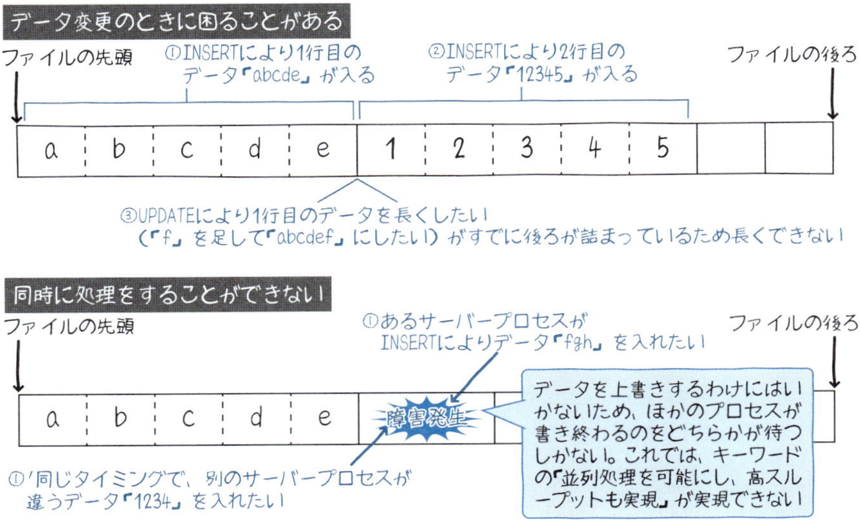

図7.1 データ変更や同時処理の問題

1つの表に含まれる行が100万行だとしたら、どんな問題が起きるのでしょうか？データベースを管理するためには、どの表がどの行データを持っているのかという情報が必要になります。しかし、ファイルの先頭からデータを入れていく方式だと、データが100万行ある場合は、100万個の管理情報が必要になってしまいます。100万行を読むのに、100万回のI/Oが必要かもしれません。また、領域が細切れになってしまうため、空き領域の管理が大変になります（図7.2）。

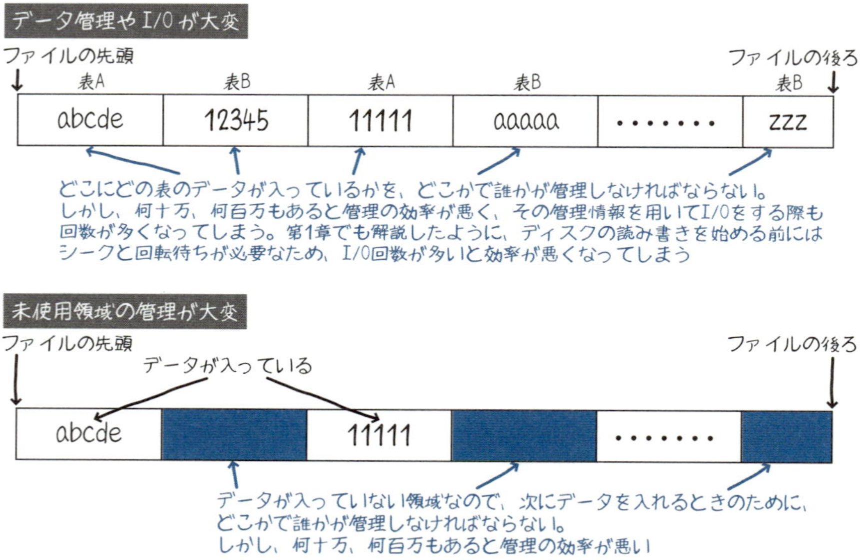

図7.2　データがたくさんあると、データの管理と空き領域の管理が大変

7.2.1 必要とされるデータの構造

これらについて、完全とはいかなくても、有効な方法が存在します。それは「妥当なサイズでまとめる（かたまりにする）」というアプローチです。たとえば、100万行をいちいち管理するのは大変だとしても、1万行を1つのかたまりとしてまとめて管理すれば100個の管理情報で済みます。また、I/Oの回数も100回で済みそうです（図7.3）。データの変更に関しても、ある一定のデータ量（かたまり）ごとに変更用の空き領域を確保しておけば対応できそうです（図7.4）。もちろん、すばやくデータ挿入処理ができるように、空き領域の管理も必要でしょう。

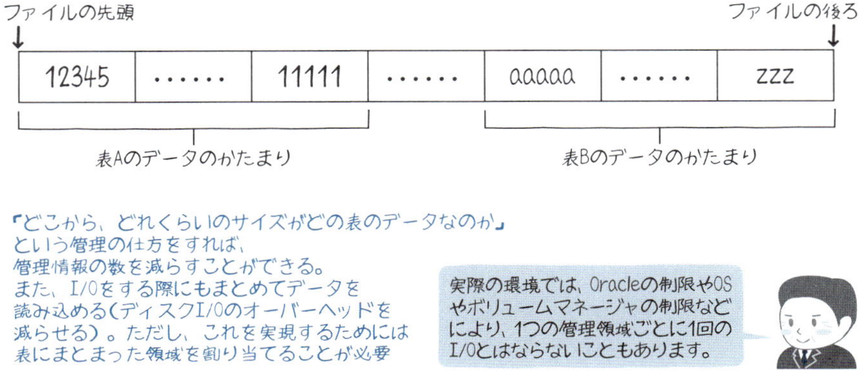
ファイルの先頭
ファイルの後ろ
12345
11111
aaaaa
zzz
表Aのデータのかたまり
表Bのデータのかたまり
「どこから、どれくらいのサイズがどの表のデータなのか」
という管理の仕方をすれば、
管理情報の数を減らすことができる。
また、I/Oをする際にもまとめてデータを
読み込める(ディスクI/Oのオーバーヘッドを
減らせる)。ただし、これを実現するためには
表にまとまった領域を割り当てることが必要
実際の環境では、Oracleの制限やOS
やボリュームマネージャの制限など
により、1つの管理領域ごとに1回の
I/Oとはならないこともあります。

図7.3　ある程度のサイズに固めてしまえば管理情報は減る

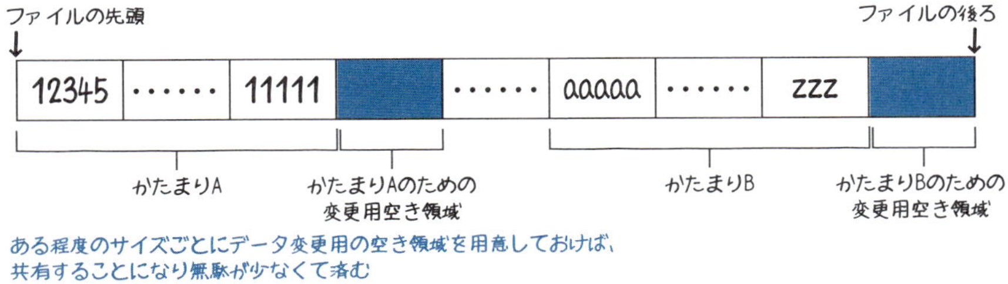
ファイルの先頭
ファイルの後ろ
12345
11111
aaaaa
zzz
かたまりA
かたまりAのための
変更用空き領域
かたまりB
かたまりBのための
変更用空き領域
ある程度のサイズごとにデータ変更用の空き領域を用意しておけば、
共有することになり無駄が少なくて済む

図7.4　ある程度のサイズごとにデータ変更用の空き領域を用意しておく

まとめると、次の3つを実現できる仕組みが必要です。

- 管理およびI/Oの効率を考えて、ある程度のサイズ以上にまとめて領域の割り当てをする
- データ変更用の空き領域を確保しておく
- 空き領域を管理しておく

7.3 Oracleのデータ構造

それでは、具体的にOracleのデータ構造を見ていきましょう。

大きく分けて、Oracleのデータ構造には物理構造、論理構造の2種類があります。何を物理構造、論理構造と呼ぶかは見方によるかと思いますが、世間一般で言うところの物理構造、論理構造に合わせて解説すると、物理構造とはデータファイルなどのOS上から見える構造のことです。論理構造とは、OSからは識別できないOracle内部の構造を指します。たとえば、データファイルの中に格納されている「表」や「行」は論理構造です。Oracle全体のデータ構造は図7.5の通りです。

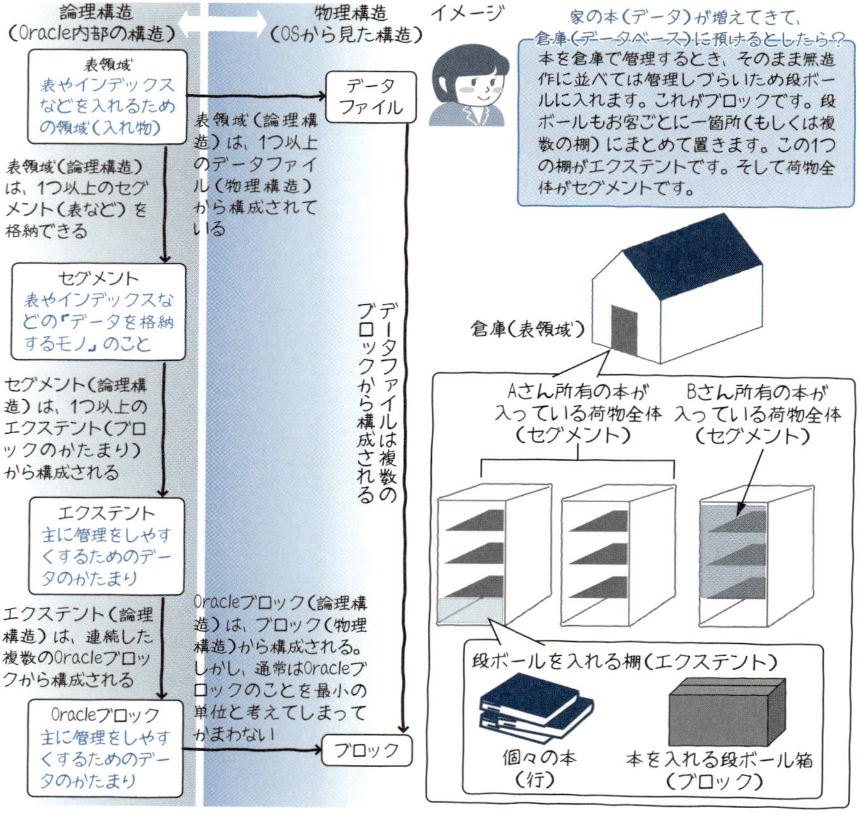

図7.5　Oracleのデータ構造（全体）

7.3.1 データファイルと表の関係

図7.5より、表やインデックスはエクステントから構成されていて、さらにエクステントがブロックから構成されていることがなんとなくイメージできたでしょうか？

正直に言うと、図7.5のみで物理的な構造を含めて理解するのはなかなか大変なことです。そこで、物理的な構造として一番イメージしやすいデータファイルと表の関係について解説します。

ご存じのように、データファイルはOSから見える物理構造です（リスト7.1）。そして表は、複数の行を持ち、OSから見えないという意味で論理的な構造です。論理的な構造である表は、物理的な構造であるデータファイルにどのように格納されているのでしょうか？

リスト7.1　lsコマンドでデータファイルを見た例

```
パーミッション                          サイズ      日付            ファイル名
-rwxr-x---. 1 oracle oinstall  880812032  Oct 14 23:27  sysaux01.dbf
-rwxr-x---. 1 oracle oinstall  891297792  Oct 14 23:27  system01.dbf
-rwxr-x---. 1 oracle oinstall  314580992  Oct 14 23:28  undotbs01.dbf
-rwxr-x---. 1 oracle oinstall    5251072  Oct 14 20:27  users01.dbf
```

ミクロな構造から順に見ていきましょう。最小構造（かたまり）は「(Oracle) ブロック」です。ブロックとは、8KBといったサイズで区切られた領域のことです。このブロックの中に、1つ以上の行が格納されます（図7.6）。

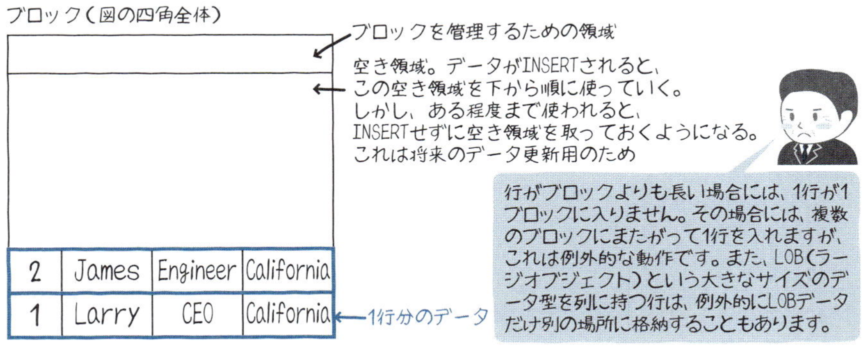

図7.6　行はブロックに格納される

では、表は複数のブロックで構成されているのでしょうか？　確かに複数のブロックで構成されているのですが、このままでは1つの表が、バラバラの場所に存在する何万、何十万という数のブロックを管理する事態が発生するため、効率的ではありません。そこで、もう1つ構造を導入します。それが「エクステント」です。

エクステントは、連続したブロックのかたまりです。エクステントのおかげで各ブロックの場所ではなく、各エクステントの先頭の場所とそのブロック数のみでデータを管理できるようになり、管理情報を減らすことができます（図7.7）。また、データをまとめて読むことにより、表のフルスキャンの性能を上げることもできます。さらに、表やインデックス等のデータのかたまりごとにまとめられたエクステントの集合が「セグメント」です。このような表とデータファイルの関係をまとめたのが図7.8です。

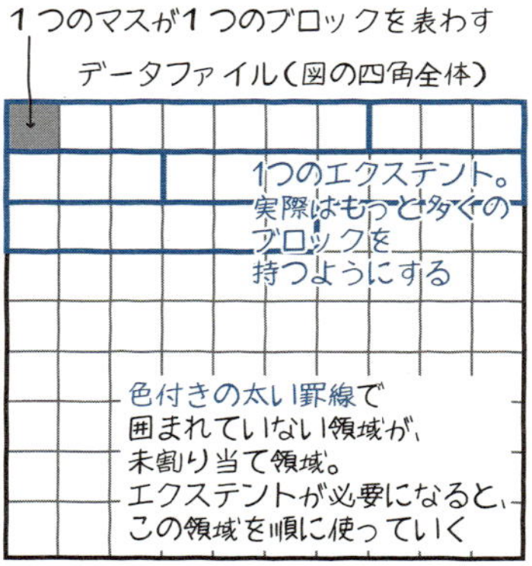

図7.7　エクステントによりブロックをまとめる

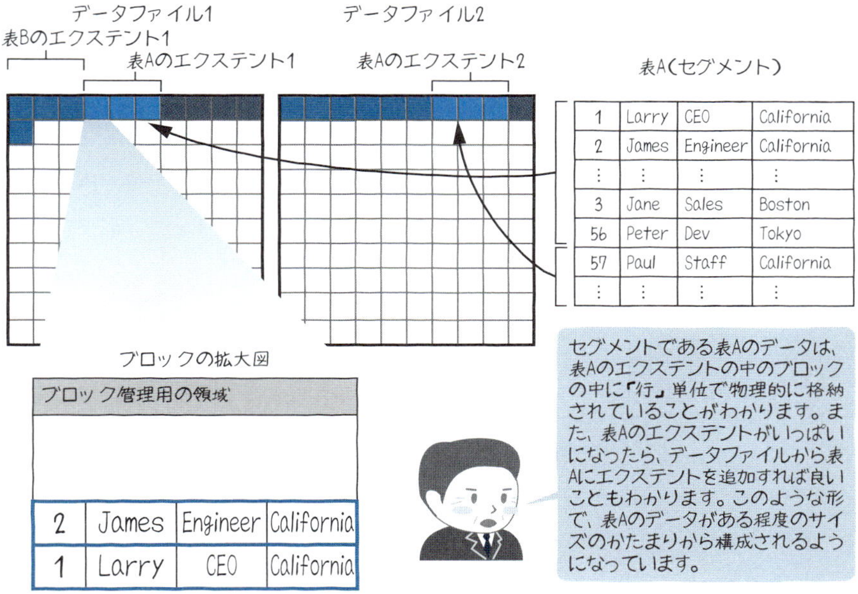

図7.8　表とデータファイルの関係

7.4 各データ構造はどのようなものなのか？

7.4.1 セグメント

大ざっぱに言うとセグメントとは、「たくさんのデータを格納する物（モノ）」のことです。モノと言っているのは、操作できるかどうかはともかくとして、データベース内に存在するように見えるからです。さらに別の言い方をすると、セグメントとは「エクステントの集合（かたまり）」のことです。

表やインデックスといったユーザー用のセグメントは、ユーザーの操作対象となります。ご存じのように、表やインデックスはDROPコマンドによって削除できます。そのときにエクステントは不要になり、表領域の持つ空き領域に戻ります。実は、ユーザー用のセグメントである表やインデックス以外にも、Oracleが自動的に作るセグメントもあります。データをソートするためのセグメントや、UNDOと呼ばれる過去データを格納するセグメントなどです（リスト7.2）。ここでは、このようなセグメントが存在することだけ覚えておけば十分です。

リスト7.2　さまざまなセグメント

```
SELECT SEGMENT_NAME, SEGMENT_TYPE, TABLESPACE_NAME FROM DBA_SEGMENTS;

SEGMENT_NAME              SEGMENT_TYPE       TABLESPACE_NAME
------------------------- ------------------ -------------------------------
FILE$                     TABLE              SYSTEM
TEST                      TABLE              USERS
TEST_INDEX                INDEX              USERS
TEST2                     TABLE              USERS
_SYSSMU1$                 TYPE2 UNDO         UNDOTBS1
                            このセグメントはUNDOのセグメント
                            (過去データを格納するセグメント)
                            であることがわかる

SQL> SELECT TABLESPACE_NAME, TOTAL_EXTENTS, TOTAL_BLOCKS FROM V$SORT_SEGMENT;
                                                          ソート用の
TABLESPACE_NAME                  TOTAL_EXTENTS TOTAL_BLOCKS  セグメントを
-------------------------------- ------------- ------------  検索
TEMP                             17            2176
```

7.4.2 表領域

表領域もOracle内の構造です。「表」領域と呼ばれていますが、「セグメントを分類して格納するための箱」というイメージです。表領域の実体は1つ以上のデータファイルです。

表領域は、Oracleが管理のために使う表領域と、ユーザー（みなさんのことです）が使うための表領域など、いくつかの種類が存在します。通常はリスト7.3のような表領域（もしくはもっと多くの表領域）が存在します。表領域の集合（物理的にはデータファイルの集合）とREDOログファイル、制御ファイルが集まると1つのデータベースになります。

リスト7.3　通常の表領域

```
SQL> SELECT TABLESPACE_NAME FROM DBA_TABLESPACES;

TABLESPACE_NAME
------------------------------
SYSTEM          ←データベースを管理するセグメントのための表領域
SYSAUX          ←データベースを管理するセグメントのための表領域
UNDOTBS1        ←UNDO セグメントのための表領域
TEMP            ←ソートセグメントのための表領域
USERS           ←ユーザー用の表領域
5 rows selected.
```

7.4.3 ブロック内の空き

Oracleはブロック内にデータ更新に備えた空き領域を取っておきます。言い換えると、データを挿入するときにぎゅうぎゅう詰めにせず、ある程度の空きを残しておくのです。データの削除が続いてブロック内の空きが増えたら、再びそのブロックにデータを入れます（図7.9）。どのブロックに空きがあるか（データを挿入可能なのか）をすばやく把握するために、セグメント単位で空きブロックを管理しています。セグメント内に空きブロックがないといった状況になると、セグメントに新たなエクステントを追加して、空きブロックを増やします。

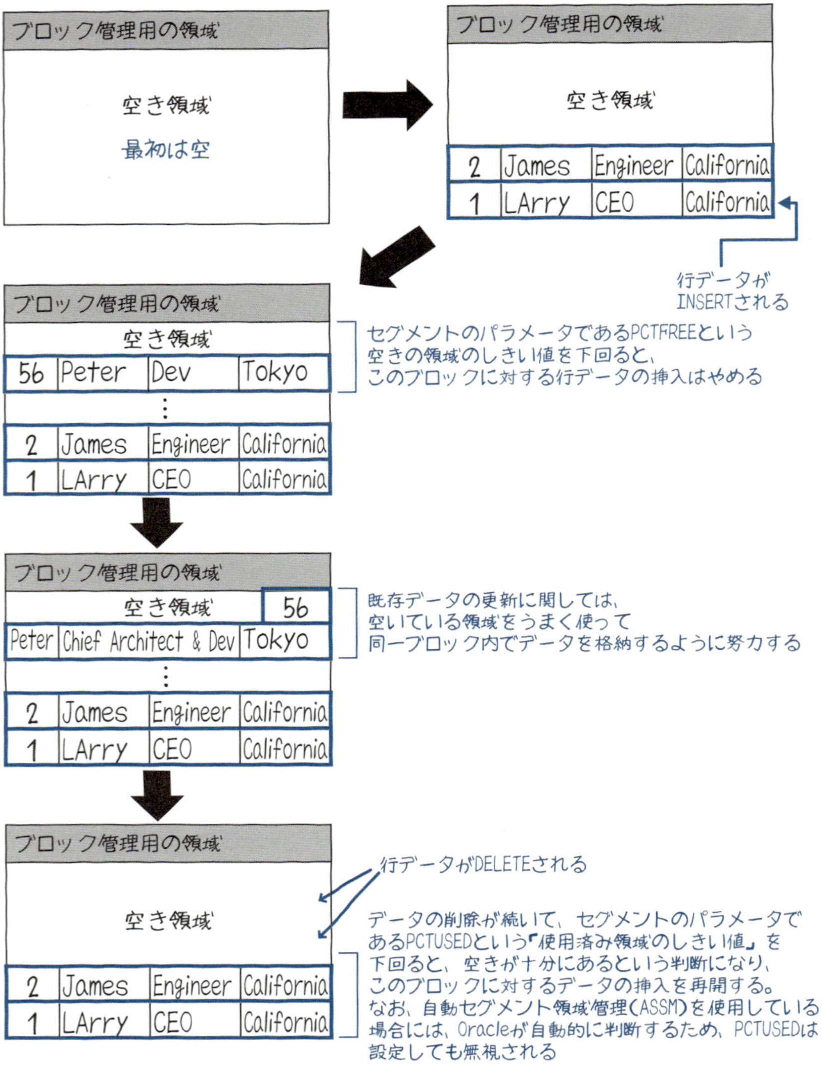

図7.9　ブロック内には空き領域がある

7.4.4 ROWID

Oracleでは行のアドレスを「ROWID」と呼びます。ROWIDはデータファイルの番号やデータファイル内のブロックの番号、ブロック内の行の番号といった情報で構成されています（リスト7.4）。このことからも、行データはブロックに格納されていることがわかります。

リスト7.4　ROWIDの構成内容

SELECTの際、列に ROWIDと指定することで、その行のROWIDを知ることができる

OracleがOracleが用意しているDBMS_ROWID.ROWIDXXXX関数を使うことにより、ROWIDから各種情報を得ることができる

```
SELECT ROWID, DBMS_ROWID.ROWID_RELATIVE_FNO(ROWID) file_no, DBMS_ROWID.↵
ROWID_BLOCK_NUMBER(ROWID) block_no, DBMS_ROWID.ROWID_ROW_NUMBER(ROWID) row_↵
no FROM TEST;

ROWID                FILE_NO   BLOCK_NO     ROW_NO
------------------ ---------- ---------- ----------
AAAMXjAAEAAAAFkAAA          4        356          0
AAAMXjAAEAAAAFkAAB          4        356          1
AAAMXjAAEAAAAFkAAC          4        356          2
AAAMXjAAEAAAAFkAAD          4        356          3
AAAMXjAAEAAAAFkAAE          4        356          4
AAAMXjAAEAAAAFkAAF          4        356          5
        ⋮
AAAMXjAAEAAAAFkAA9          4        356         61
AAAMXjAAEAAAAFkAA+          4        356         62
AAAMXjAAEAAAAFkAA/          4        356         63
AAAMXjAAEAAAAFkABA          4        356         64
AAAMXjAAEAAAAFkABB          4        356         65
AAAMXjAAEAAAAFlAAA          4        357          0
AAAMXjAAEAAAAFlAAB          4        357          1
AAAMXjAAEAAAAFlAAC          4        357          2
AAAMXjAAEAAAAFlAAD          4        357          3
AAAMXjAAEAAAAFlAAE          4        357          4
AAAMXjAAEAAAAFlAAF          4        357          5
        ⋮
```

ROWIDは、ファイル番号やブロック番号、行番号といった情報から作られているが、このままではよくわからない

ファイル番号4、ブロック番号356のブロックに対しては0～65までの66行が格納されていることがわかる

7.5 実際の流れに沿って各動作を確認しよう

7.5.1 領域の割り当てと空き領域の管理

実際の業務で行なわれる順番で、領域の割り当てと空き領域の管理の動作を確認してみましょう。

◉①データベースの作成

まず、データベースの作成です。このとき、SYSTEM表領域をはじめとするいくつかの表領域が作成されます（リスト7.5の①)。

◉②ユーザー用の表領域の作成

次に、ユーザー用の表領域を作成します（リスト7.5の②)。このユーザー用の表領域作成は、データベース作成時に行なってもかまいません。この時点で、表領域は空き（フリー）領域を持っていることに気をつけてください。

◉③表を表領域に作成

続いて、表を表領域に作成します。この時点でいくつかのエクステントが作成されます（リスト7.5の③)。とはいえ、エクステントの中身は空です。エクステントが作成された後、データの挿入（INSERT）が行なわれますが、この際エクステントの空いているブロックに行を入れます。「PCTFREE」というしきい値に達したら、そのブロックへの挿入をやめ、「このブロックは空いていない」と認識されます。

データの挿入が続いてエクステントがいっぱいになると、表領域の持つ空き領域の中から新規のエクステントを表に割り当てて、新たなデータを挿入できるようにします。その後、データを削除することによりデータ量が減って、「PCTUSED」というしきい値（ASSMの場合はOracleの自動計算）を下回ると、再び「このブロックは空いている」と認識されるようになります。表やインデックスがDROP（もしくはTRUNCATE）されるとエクステント内のデータは不要になるため、表領域の持つ空き領域に戻ります（リスト7.5の④)。

リスト7.5　領域の割り当てと空き領域の管理

①データベースの作成

```
SQL> create database orcl ──── データベース作成のコマンド
    ：
datafile '/u01/app/oracle/oradata/ORCL/system.dbf' size 4G
sysaux datafile '/u01/app/oracle/oradata/ORCL/sysaux.dbf' size 4G
default temporary tablespace TS_temp tempfile '/u01/app/oracle/oradata/ORCL/TS_temp01.dbf' size 8G
undo tablespace TS_undo datafile '/u01/app/oracle/oradata/ORCL/TS_undo01.dbf' size 8G;
                                   └── 各表領域とその表領域を構成するデータファイル名と
Database created.                        サイズが指定されている
```

②ユーザー用の表領域の作成

```
SQL> create tablespace users01        表領域作成のコマンド。
                                       users01という表領域を作成している
datafile '/u01/app/oracle/oradata/ORCL/users01_1.dbf' size 1G extent management local;

Tablespace created.                     サイズが1Gで、ローカル管理と呼ばれる
                                        性能の良いエクステント管理のモードを指定している

SQL> create tablespace users02
datafile
'/u01/app/oracle/oradata/ORCL/users02_1.dbf' size 1G, ┐このように、複数のデータファイルからなる、
'/u01/app/oracle/oradata/ORCL/users02_2.dbf' size 1G ┘1つの表領域を作成することもできる
extent management local;

Tablespace created.
```

③表を作成した時点で最初のエクステントが割り当てられる

```
SQL> CREATE TABLE TEST(NO NUMBER, TEXT VARCHAR2(100));      TEST表を作成する

Table created.                                               そのユーザーの持つ
SQL> SELECT * FROM USER_EXTENTS WHERE TABLESPACE_NAME = 'USERS01';  エクステントを
                                                             表示させるためのビュー

SEGMENT_NAME      PARTITION_NAME   SEGMENT_TYPE     TABLESPACE_NAME   EXTENT_ID      BYTES     BLOCKS
----------------- ---------------- ---------------- ----------------- ---------- ---------- ----------
TEST                               TABLE            USERS01                    0      65536          8
```

TEST表に対して、8ブロックを持つエクステントが1つ作成されている。データは入っていない

④未使用の領域の推移

●表領域作成直後（データ挿入前）

```
SQL> SELECT FILE_ID, BLOCK_ID, BLOCKS, BYTES FROM DBA_FREE_SPACE   ┌表領域の持つ空き領域を表示するためのビュー
           WHERE TABLESPACE_NAME = 'USERS01';

   FILE_ID   BLOCK_ID     BLOCKS      BYTES     USERS01表領域には、
----------- ------------ ---------- -----------  表領域の持つ空き領域は1つあり、
         5          17       6384    52297728 ── 6384ブロックのかたまりであることがわかる
```

●TEST表作成後

```
SQL> SELECT FILE_ID, BLOCK_ID, BLOCKS, BYTES FROM DBA_FREE_SPACE
           WHERE TABLESPACE_NAME = 'USERS01';

   FILE_ID   BLOCK_ID     BLOCKS      BYTES     TEST表を作成した後は、
----------- ------------ ---------- -----------  TEST表の8ブロックの分、
         5          25       6376    52232192 ── 表領域の持つ空き領域が減ったことがわかる
```

●TEST表削除後

```
SQL> SELECT FILE_ID, BLOCK_ID, BLOCKS, BYTES FROM DBA_FREE_SPACE
           WHERE TABLESPACE_NAME = 'USERS01';

   FILE_ID   BLOCK_ID     BLOCKS      BYTES     TEST表を削除した後は、
----------- ------------ ---------- -----------  TEST表の8ブロックの分が返却され、
         5          25       6376    52232192
         5          17          8       65536 ── 表領域の持つ空き領域になっていることがわかる
```

7.6 プロセスから見たデータ構造

Oracleのメモリの内部（特にキャッシュにおいて）では、ほとんどの場合、ブロック（Oracleブロック）という単位で管理されます。検索（SELECT文）と更新（UPDATE文）を例にして、メモリ内部の動作を解説しましょう。

ここで、検索はフルスキャンと仮定します。フルスキャンですから、表の全データを読み取る必要があります。Oracleはその表のエクステントを調べ、バッファキャッシュに存在しないブロックを先頭から読み込んでいきます（図7.10）。

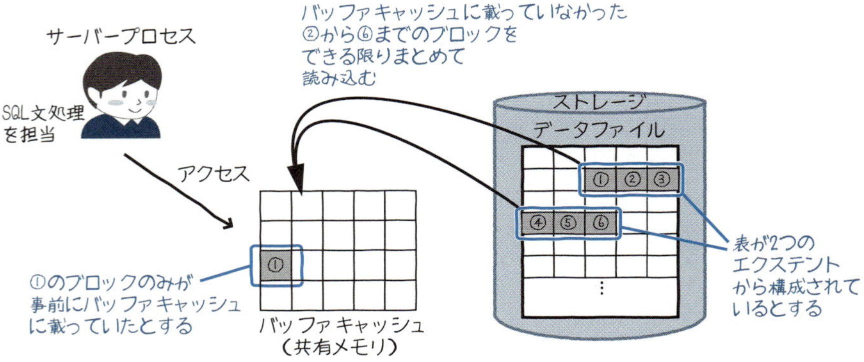

図7.10　バッファキャッシュへのブロックの読み込み

次に更新です。更新は、インデックスを使った1行のみを対象とする更新とします。図7.11を見てください。まず、インデックスにアクセスします。インデックスの管理情報をもとに、インデックスのルートブロック（一番上のブロック）を見に行きます。キャッシュになければブロックを読み込みます。続いて、ルートブロックから次のブロックのアドレスを調べます。そのブロックがキャッシュに載っていなければ読み込みます。このように繰り返して、欲しい表データのROWIDを特定します。目的の表データのブロックがキャッシュに載っていなければ、そのブロックだけ読み込みます。そして、キャッシュ上でブロックのデータを変更します。なお、ここまでの処理は、サーバープロセスが行ないます。

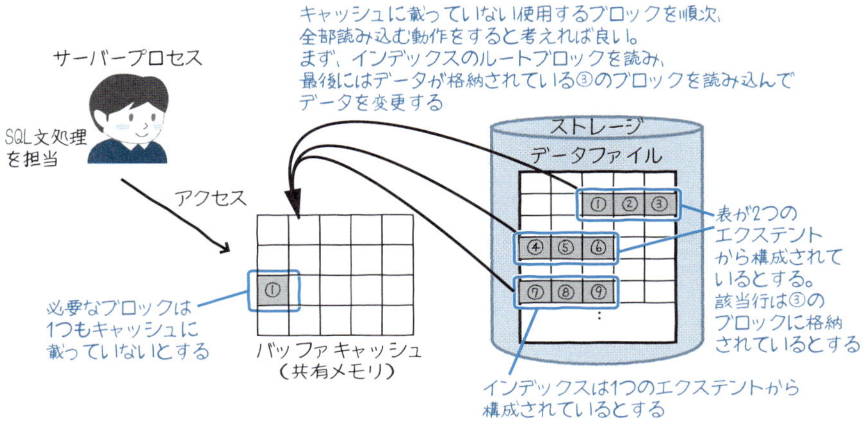

図7.11　インデックスアクセスの場合のバッファキャッシュへのブロックの読み込み

その後、データベースライター（DBWR）と呼ばれるバックグラウンドプロセス（裏方のプロセス）が、しばらくしたらデータファイルに変更されたデータを書き込みます。この解説からわかる通り、キャッシュ上のデータと、ファイル上のデータが一致しない時間が存在します。これは第1章で挙げたキーワード「レスポンスタイムを重視」にあたります。データをいちいち書き込んでいたら、その分だけユーザーから見たレスポンスが悪くなってしまうためです。キーワードの「COMMITされたデータは守る」と矛盾するように見えるかもしれませんが、データの保証はREDOログと呼ばれる別の仕組みで実現されています。REDOログについては第9章で解説します。

7.7 まとめ

図7.12を見ながら、次の構造や動作が理解できたかを確認してください。

・表領域はセグメントを入れるための入れ物で、1つ以上のデータファイルから構成される
・通常の表やインデックスはセグメントである
・セグメントはエクステントから構成され、エクステントは連続したブロックから構成される
・セグメントは表領域をまたげない（セグメントは表領域に所属するから）
・エクステントはデータファイルをまたげない（エクステントは連続したブロックだから）
・通常、表やインデックスは、表領域の持つ空き領域から新たにエクステントを割り当ててもらうことにより、サイズが大きくなっていく
・ブロック内のデータ更新用の空き領域は、PCTFREEというパラメータで制御される
・行はブロックに格納されている

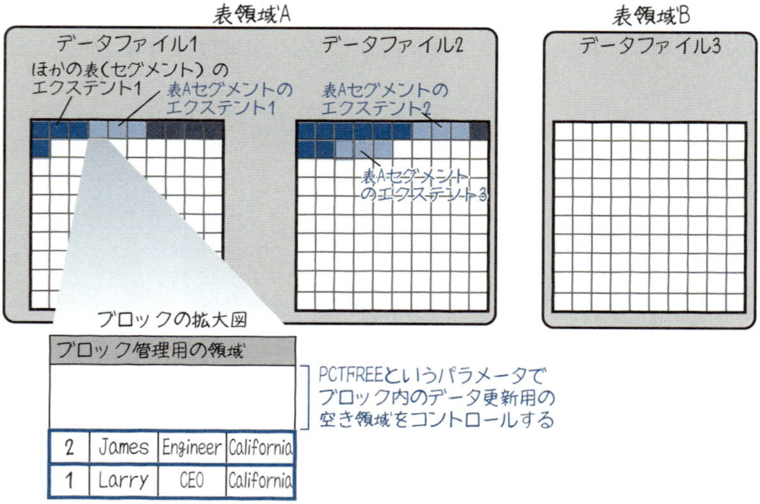

図7.12　Oracleの内部の構造とデータファイルの関係

最後に図7.13を見て、プロセスとこの章で解説したデータ構造がどう関係するのかを確認しておきましょう。特に、データの読み込みの動作をイメージできるかどうかが重要です。

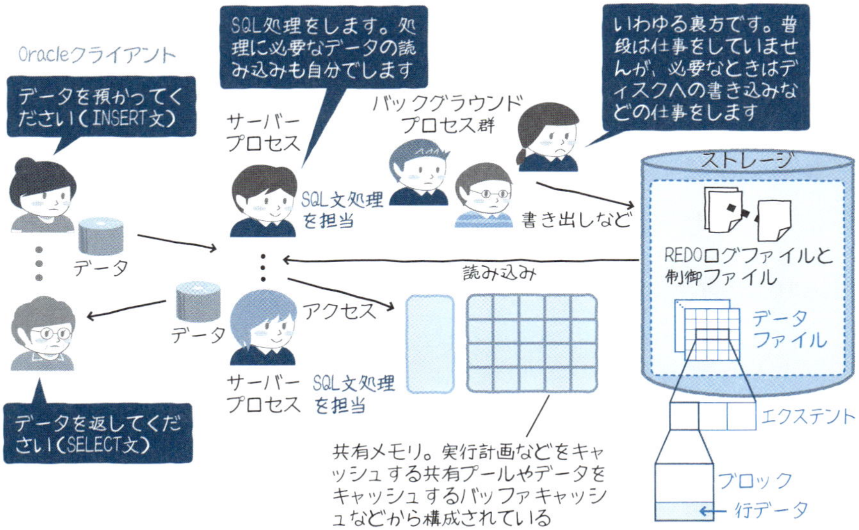

図7.13　Oracleのアーキテクチャ（まとめ）

さて、次章では「各種ロックと待機」について解説します。なぜSQL文処理が待たされることがあるのか、待機にはどのような種類があるのか、どんなロックがOracleに存在していて、どんなことを気にしなければならないのかなどを見ていきます。

Tips

表領域がいっぱいになったときはどうなるの？

本文でも解説したように、エクステントがいっぱいになった場合、表領域の持つ空き領域からセグメントに対してエクステントが新たに割り当てられます。では、その空き領域がなくなった場合にはどうなるのでしょうか？

この場合、エクステントが割り当てられず、エラーになってしまいます。そのため、表領域の持つ空き領域の監視は、運用において重要な作業と言えます。なお、空き領域が不足してしまった場合には、データファイルを追加することにより対処します。ただし、データファイルが自動拡張であれば、何らかの上限（たとえば、OSのファイルサイズ上限や1データファイルに入るブロック数の上限など）に達していない限り自動的に領域が拡張されるため、あまり神経質になる必要はないかもしれません。ただし、ファイルシステムの空きの監視は必要ですし、あまりにも大きいデータファイルは問題になることがあるため、大きくしすぎないほうが好ましいと言えます。

また、このような事情から管理用の表領域（SYSTEM表領域）には、ユーザー用のセグメントを作成してはいけません。間違ってSYSTEM表領域をパンクさせてしまうと大変だからです。

第 8 章

Oracleの待機とロック

この章では、SQL処理の際に発生する待機について解説します。そして、待機を発生させる原因ともなる、各種ロックについても解説します。ロックというと「性能問題」という悪いイメージもありますが、そんなことはありません。そもそもロックはどういう構造になっていて、どのようにチューニングするべきなのかといったことがわかれば、ロックとうまく付き合えるようになります。

8.1 なぜ、待機やOracleのロックを学ぶのか？

システムを運用していると、多くのシステムではデータベース内に待機が発生し、性能が出なかったり、処理遅延が発生したりします。この待機の仕組みを正しく理解しないと、チューニングや遅延の解消は行なえないのです。また、「ロック待ち」や「デッドロック」というトラブルに遭遇することがあります。この場合も、待機やロックの仕組みを正しく理解していないと、きちんと対処できなかったり、アプリケーション担当者に正しいガイドができないといった問題も起きてしまいます。

8.2 データベースにロックが必要な理由

これまでと同様にデータベースを倉庫に、Oracleを倉庫業者にたとえて、ロックの必要性について解説します。

顧客が倉庫に預けた荷物の中身を変更したいとします。中身を変更したいと言っても、数字を1つ大きな値に書き換えるだけです。多くの場合、ロジックとして次のような手順を考えるのではないでしょうか？

荷物の中身を変更する手順は？

⬇

1. まず、荷物（数字）を知りたいから、荷物を取り出そう（SELECTする）。
2. その後、取り出した値に1を足して、それを再び預けよう（UPDATEする）。

具体的なSQL文として、次のようなSELECT文とUPDATE文を考える方もいるでしょう。

```
SELECT counter FROM counter_table WHERE id = 1;
UPDATE counter_table SET counter = <新しい値> WHERE id = 1;
```

一見するとこれで良さそうです（図8.1）。

図8.1　SELECTした値を使って、UPDATEする実装

しかし、これでは問題が起きることもあります。ヒントはOracleを理解するためのキーワード「並列処理を可能にし､高スループットも実現」の“並列処理を可能にする”という点です。並列処理をすると、実行するタイミングによっては値が増えないという現象が起きてしまいます（図8.2）。

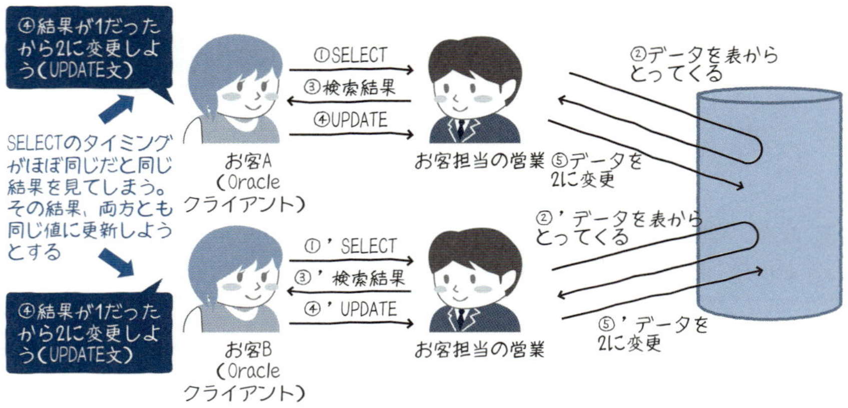

図8.2　SELECTした値を使って、UPDATEする実装で起きる問題

この場合、変更後の期待値は3です（元のデータ1に対して、お客Aとお客Bがそれぞれ1ずつ加算した結果）。しかし、変更後のデータは2となっています。原因は「データが保護されていなかったから」だと言えます。つまり、データの変更作業中は、変更前のデータを参照する検索作業を除いて、そのデータに誰も触れることができないようにしなくてはならなかったのです。お客Aがあるデータを変更している間は、お客A以外は同じデータを変更できないように、変更対象のデータにロックをかけて保護しなくてはならないのです。

このように、ロックの本質は「多重処理を実現するために、データの保護を実装する」ことにあります。SQLでは次のようにSELECTの段階でロックをかけることができます。「これから操作するから誰もいじるな」というロックだと考えれば良いでしょう。

```
SELECT counter FROM counter_table WHERE id = 1
FOR UPDATE; ←ロックがかかる
UPDATE counter_table SET counter = <新しい値> WHERE id = 1;
```

最初のSELECT文によって、idが1の行にロックがかかります。行ロックがかかったため、同一の行に対するUPDATE文やDELETE文、ほかのSELECT FOR UPDATE文も待たされるようになります[※1]。この行ロックが解放されるのはコミット、もしくはロールバックのときです。

もう少し解説すると、実は先ほどの「数値を1増やす」という処理は、1つのUPDATE文で実現できます。

```
UPDATE counter_table SET counter = counter+1 WHERE id = 1;
```

このSQL文に問題はないのでしょうか？　実はUPDATE文などのDML（データ操作言語）は、自動的に行ロックをかけるため問題はありません。並列に処理しても正しい値になってくれます。しかし、「このUPDATE文を大量に同時に動かそうとしたら、idが1の行に対する行ロックで性能が出ないのでは？」と気がついた方もいるでしょう。その通りで、この場合はロック待ち（ロックによる待機）になってしまいます。しかし、これはデータを保護する必要があるからこうなってしまうのです。Oracle側で改善することはできないため、多重に実行するには、アプリケーション側でこのような処理をしないようにするしかありません。

※1　基本的にはこれで問題はありませんが、SELECT FOR UPDATEのかけ方によっては問題が発生することがあります。詳しくはマニュアル『Oracle Database データベース開発ガイド 18c』の「明示的な行ロック」の解説を参照してください。

8.3 待機とロック待ち

続いて、ロック待ちの仕組みについて解説します。その前にまず、「待機」と「待機イベント」について話しておきましょう。

待機には悪いイメージがありますが、実は待機とは「待っている」ということを表わしているにすぎません。また、待機イベントとは大ざっぱに言うと「待っている出来事」になります。待機によってSQL文の処理が遅くなることも多くあるため、一般にはイメージが悪いと思いますが、少し考えるとわかるように「処理がないために暇な状態の待機」と「理由があって仕方のない待機」と「異常事態などの余計にSQL処理を待たせる待機」があるのです。最初の1つを「アイドル待機」と言い、あとの2つをまとめて「アイドルではない待機」と言うことがあります。これらの関係は図8.3の通りです。

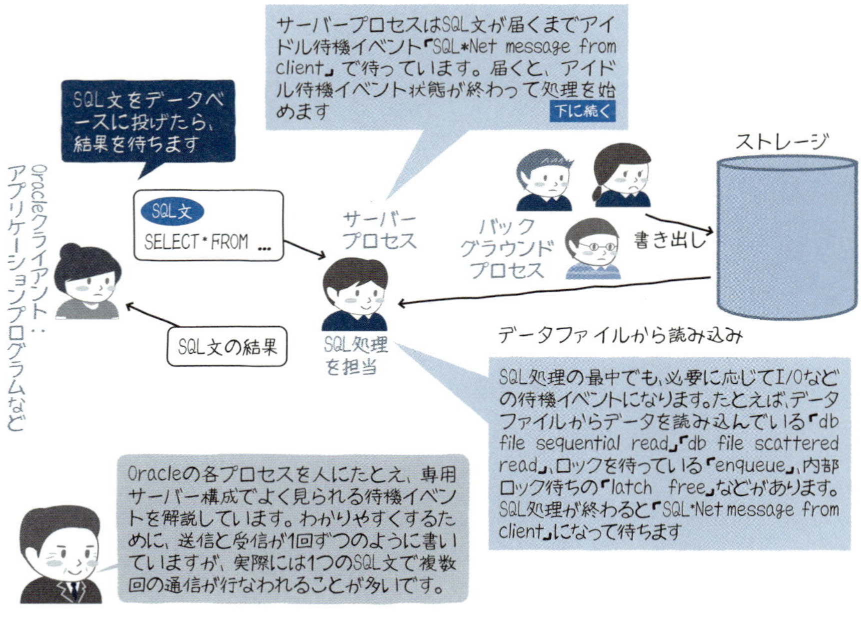

図8.3　よく見られる待機イベントとその意味

この図8.3を見てもわかるように、アイドル待機イベントはSQL処理を待たせません。そのため、パフォーマンス分析の際には注目しないのが普通です[※2]。よく見かけるアイドル待機イベントは「SQL*Net message from client（クライアントからのSQL文などを待っている）」や、「smon timer」「pmon timer」「rdbms ipc message」「wakeup time manager」「Queue Monitor Wait」などです。

8.3.1 アイドルではない待機に注意

問題は、アイドルではない待機イベントです。理由があって仕方のない待機の例として、正常なディスクI/O待ちがあります。OracleはSQL処理の途中でデータが必要になった場合などにディスクからブロックを読み込むため、その際に待機が発生します。これはSQL処理に必要な待機と言えます。

判断が難しいこともあるのが、異常事態などの余計にSQL処理を待たせる待機です。異常事態とは、たとえば、あるユーザーがある表に対してロックをかけたまま食事に行ってしまったなどです。これでは、ほかのユーザーはその表のデータの変更ができません。データの保護はできていますが、余計な待ちです。また、I/Oが通常は10ミリ秒で処理できていたのに、ディスクの故障などで100ミリ秒かかったとしましょう。すると、待機時間は10倍になり、その分SQL処理が待たされます。これは、エンドユーザーからすれば、正常時より遅くなったという意味で余計な待機です。同じ待機イベントでも、これらのように「仕方のないもの」と「異常な（余計な）もの」があるのです。なお、仕方のないものであってもアプリケーションからの処理を減らすことなどにより、合計待機時間を短くできる場合があります。

SQL処理のチューニングという観点からは、「アイドルではない待機イベント＋SQL処理のCPU時間」がおおよそのSQL処理にかかった時間となるため、これらは非常に大事な概念です。チューニングする際には、常に意識してください。待機イベントはStatspackやv$session_waitから見ることができます（リスト8.1）。なお、このように処理をしたり、ほかのプロセスの処理を待ったり、ほかのプロセスに仕事を依頼して自分は待ったりといった動作を各プロセスが人間のように連携して行なうため、筆者はOracleのプロセスを人の形で表わして擬人的に表現することが多いです。

※2 実際、分析ツールなどでもこのような解析をします。ただし、LOBと呼ばれる大きなサイズのデータ型の場合は、ネットワークの送受信（アイドル待機イベント）を繰り返していて、アプリケーションから見ると時間がかかっていることがあります。LOBの場合は、アイドル待機イベントであっても注意が必要です。

リスト8.1　Statspackにおける待機イベントの見え方

この時間帯に計測されたアイドルではない待機イベントが時間の長い順に並んでいる

この時間を足すと、SQL処理にかかったおおよその時間になる。ただし、まれにバックグラウンドの待機イベントが含まれていることもある。なお、全セッションの合計値であることに注意

```
Top 5 Timed Events
~~~~~~~~~~~~~~~~~~                                                      % Total
Event                                          Waits     Time (s)     Call Time
-------------------------------------------- ------------ ----------- ----------
CPU time                                                       11         27.87
enq: TX - row lock contention                      3            9         22.94
log file parallel write                          176            8         21.91
log buffer space                                  43            5         13.83
db file parallel write                           117            4          9.97
          -------------------------------------------------------------
```

CPU時間は待機イベントではないが、分析に有用なため、ここに載っている。一般論としては、CPUがTOPにくることは良い状態であることが多い（CPU過剰消費の場合を除く）

8.3.2 ロックによる待機とは？

次にロックによる待機に話を進めます。ロックをかけているだけでは待機にはなりません。ロックがかかっている対象にロックをかけようとすると待機が発生します（図8.4）。ロックの情報はv$lockビューなどで確認できます（リスト8.2）。

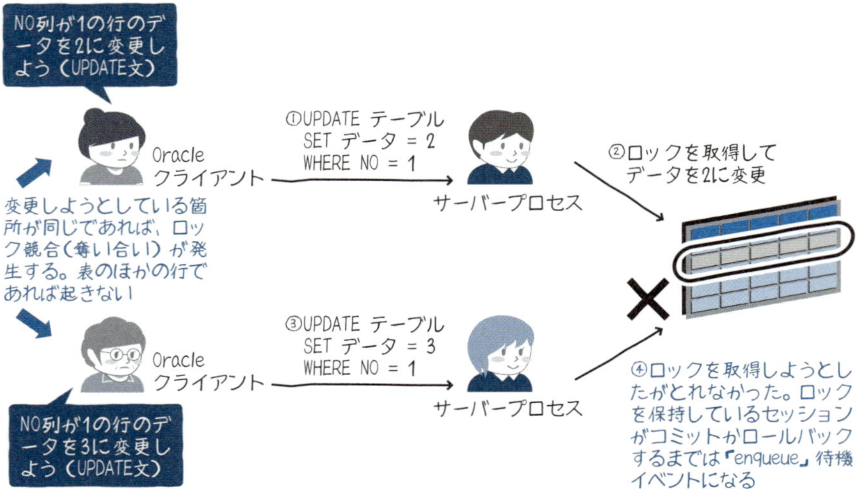

図8.4　行ロック待ちのメカニズム

リスト8.2　v$lockビューでロックの情報を確認

```
col username  for a15
col requested for a9
col "LOCK TYPE" for a9
select /*+ ORDERED */ s.username, s.osuser, s.sid, s.serial#, s.machine, program,
l.type "LOCK TYPE", l.id1, l.id2, l.ctime, decode (l.lmode,0,'NONE', 1,'NULL', 2,'
RS', 3,'  RX', 4,'   S', 5,' SRX', 6,'    X', '    ?') HELD, decode (l.request,0,'
NONE', 1,'      NULL', 2,'        RS', 3,'        RX', 4,'         S', 5,'       SRX',
6,'         X', '         ?') REQUESTED
from v$lock l,v$session s
where l.sid = s.sid and s.username like upper ('%%')
order by s.sid, l.type;

USERNAME       OSUSER                          SID    SERIAL# MACHINE
PROGRAM                                        LOCK TYPE
-------------- ---------------------------- ---------- ---------- ----------
------------------------------------------------ --------------------------
       ID1          ID2      CTIME HELD  REQUESTED
----------- ----------- ---------- ---- ----------
KODA           ora10g                          201          9 koda4
                         sqlplus@koda4 (TNS V1-V3)                        TM
     10477           0         74   RX    NONE
KODA           ora10g                          201          9 koda4
                         sqlplus@koda4 (TNS V1-V3)                        TX
    262178          23         67 NONE       X
KODA           ora10g                          202          9 koda4
                         sqlplus@koda4 (TNS V1-V3)                        TM
     10477           0         92   RX    NONE
KODA           ora10g                          202          9 koda4
                         sqlplus@koda4 (TNS V1-V3)                        TX
    262178          23         92    X    NONE
```

この SQL 文の性能劣化を防止するために、このようなヒント（結合順序を指定するヒント）を入れたほうが良い

v$lock からロックの情報を、v$session からセッションの情報を得る

「REQUESTED」の列が「X」のため、行ロックをリクエストして待っている

201番のセッションのTMロック

201番のセッションのTXロック

リクエストしているロックの識別子

202番のセッションのTMロック

202番のセッションのTXロック

「HELD」の列が「X」のため、この 202 番のセッションが行ロック（ID:262178、23）を保持している

202 番のセッションは「koda4」というマシンのSQL*Plusであることがわかる

TMロックは、両方のセッションが「RX」モードで「HELD」になっていることから、本文の解説の通り、獲得に成功していることがわかります。

リスト8.2の内容を見ていきましょう。v$lockは「HELD」列にロックが入っていればロックを持っていて、「REQUESTED」列にロックが入っていれば、ロックをリクエストしている（＝待っている）ということになります。「LOCK TYPE」とはロックの種類のことを意味します。

よく見られるロックは「TX」と「TM」でしょう。TXはいわゆる行ロックで、TMは表にかけるロックです。「モード」は同時実行性を制御するためのもので、ロックがどのような状態でかかっているかを表わしています。たとえば、TXロックの「X（排他）」は、同一行に対するほかのモードのロックを許しません。それに対して、DMLの際に取得されることの多いRX（またはRS）モードのTMロック（表のロック）は、

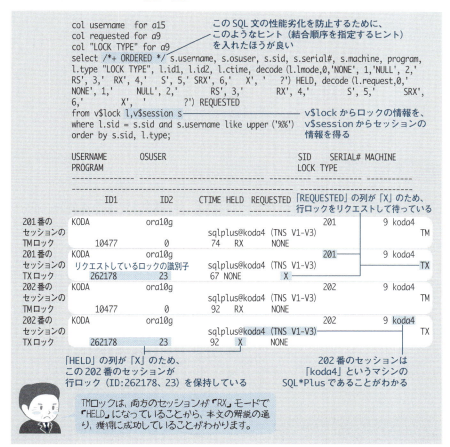

リスト8.2のようにほかのセッションが同一の表に対してRX（またはRS）モードでTMロックを取得できます。RXモードのロックがかかっていれば、表の定義変更（DROP TABLEやALTER TABLE等）などは防ぎつつ、表に対する複数のトランザクションを許すことができます。このようにモードをうまく使い分けることによって、必要な排他制御を実現しながら最大の同時実行性を実現させています。ロックの詳細はチューニングのマニュアルをご覧ください。

なお、v$lockを検索するとMRというロックが多数表われますが、これはインスタンスが起動すると自動的に取得されるロックのため、無視してかまいません。

8.3.3 デッドロックの仕組み

デッドロック（dead lock：壊れたカギ）とは、その名前からわかるように、壊れてしまって機能しないカギのイメージです。具体的には、お互いが他人の持つロックを待ってしまって、未来永劫処理が進められない状態のことです（図8.5）。

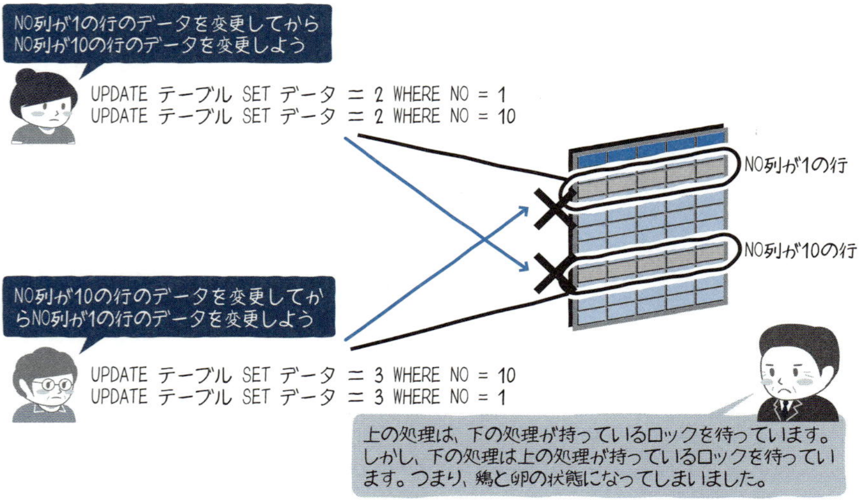

図8.5　デッドロックの仕組み

デッドロック（ORA-60発生）の際には、片方の処理がロールバックされ、alertファイルとトレースファイルに情報が表示されます（リスト8.3）。Oracleのバージョンによって記録される情報量が異なりますが、Oracle 9i以降であればデッドロックになった双方のSQL文がわかるため、アプリケーションを改修する際に役立つでしょう。デッドロックの際には、「デッドロックグラフ」というデッドロックの情報が記録されますが、これも基本的な見方はv$lockと同様のため解説は割愛します。

リスト8.3　デッドロックの情報（Oracle 18cの例）

```
alert.logファイルの抜粋
2019-01-30T23:05:25.038257+09:00
Errors in file /u01/app/oracle/diag/rdbms/orcl/orcl/trace/orcl_ora_8339.trc:
2019-01-30T23:05:26.426179+09:00
ORA-00060: Deadlock detected. See Note 60.1 at My Oracle Support for⏎
Troubleshooting ORA-60 Errors. More info in file /u01/app/oracle/diag/rdbms/⏎
orcl/orcl/trace/orcl_ora_8339.trc.

alert.logに記載されたトレースファイル（orcl_ora_8339.trc）の中身の抜粋
DEADLOCK DETECTED ( ORA-00060 )
See Note 60.1 at My Oracle Support for Troubleshooting ORA-60 Errors

[Transaction Deadlock]

The following deadlock is not an ORACLE error. It is a
deadlock due to user error in the design of an application
or from issuing incorrect ad-hoc SQL. The following
information may aid in determining the deadlock:
                                                              確かにデッドロックになっている：ここから
Deadlock graph:
                                          ------------Blocker(s)-----------  ------------Waiter(s)------------
Resource Name                             process session holds waits serial  process session holds waits serial
TX-00070000-00000498-00000000-00000000         54      33     X         8194       36      35           X 64484
TX-00080017-00000648-00000000-00000000         36      35     X        64484       54      33           X  8194
                                                                                                       ここまで
----- Information for waiting sessions -----
Session 33:
  sid: 33 ser: 8194 audsid: 130028 user: 102/TERA
    flags: (0x41) USR/- flags2: (0x40009) -/-/INC
    flags_idl: (0x1) status: BSY/-/-/- kill: -/-/-/-
  pid: 54 O/S info: user: oracle, term: UNKNOWN, ospid: 8339
    image: oracle@hostname (TNS V1-V3)
  client details:
    O/S info: user: oracle, term: pts/1, ospid: 8338
    machine: hostname program: sqlplus@hostname (TNS V1-V3)
    application name: SQL*Plus, hash value=3669949024
  current SQL:
  UPDATE TEST01 SET data = 3 WHERE no = 1 ―デッドロックになったSQL文

Session 35:
  sid: 35 ser: 64484 audsid: 130027 user: 102/TERA
    flags: (0x8000041) USR/- flags2: (0x40009) -/-/INC
    flags_idl: (0x1) status: BSY/-/-/- kill: -/-/-/-
  pid: 36 O/S info: user: oracle, term: UNKNOWN, ospid: 7915
    image: oracle@hostname (TNS V1-V3)
  client details:
    O/S info: user: oracle, term: pts/0, ospid: 7914
    machine: hostname program: sqlplus@hostname (TNS V1-V3)
    application name: SQL*Plus, hash value=3669949024
  current SQL:
  UPDATE TEST01 SET data = 50 WHERE no = 10 ―もう一方のSQL文

----- End of information for waiting sessions -----
```

8.4 ラッチの仕組み

ラッチ（latch）も多重処理を実現するためのロックです。通常のロックと異なるのは、こちらはOracle内部で自動的に取得され、1回のSQL文の実行で数多くのデータの取得と解放を繰り返すことです。メモリやデータなど、操作する際に排他制御をしておかないとデータを壊してしまう危険があるものを保護するために使用されています。ラッチの基本的な動作は図8.6の通りです。

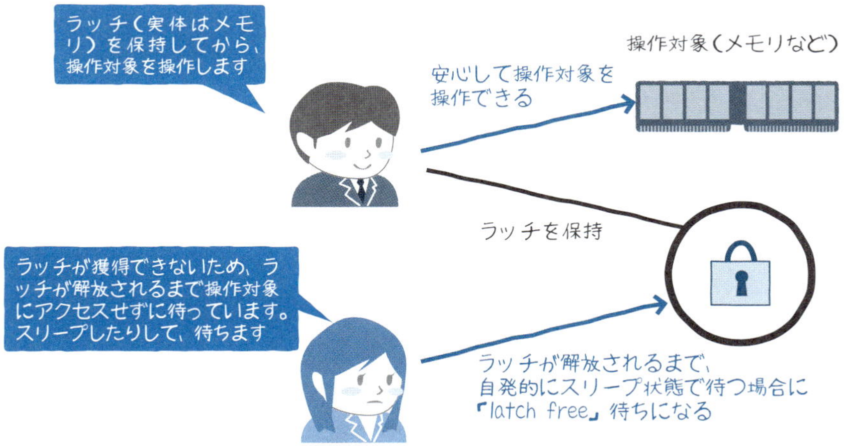

図8.6　ラッチの仕組み

Statspackを見ると、ラッチは何十、何百と存在します。なぜ、これほど多く存在するのかというと、「並列処理を可能にし、高スループットも実現」のためです。できる限りロックを分解して、ロック（ラッチ）の種類と数を増やすことにより、ほかのセッションと競合する可能性を低くしているのです。このような工夫によって、Oracleではラッチの競合は起こりづらくなっています。

しかし、実際にはラッチ競合のデータが見られることがあります。これはなぜでしょうか？　実は、これにはCPUとOSが関係しています。OSはマルチタスクで複数の処理を実行できます。そして、OS上ではプリエンプションと呼ばれる処理中のCPUの横取りも当たり前です（図8.7）。

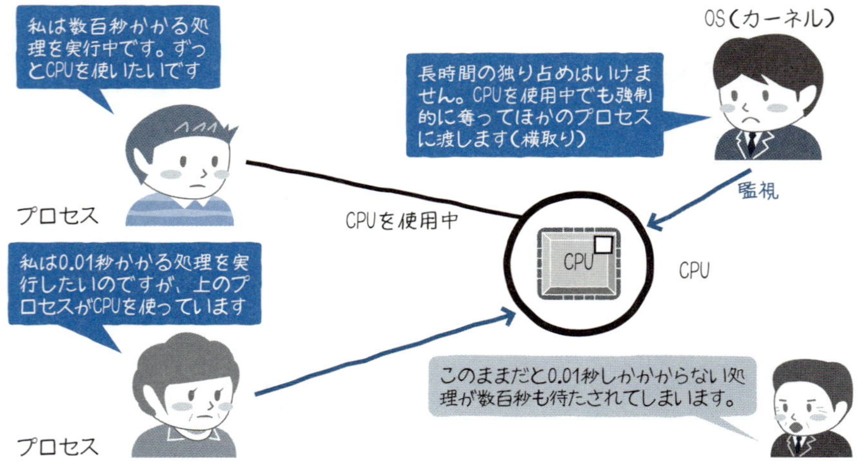

図8.7　OSによるプリエンプション（CPUの横取り）

さて、このようなOSの動作が、ロック（ラッチ）を持ったセッション（プロセス）からCPUを横取りすると、どのような事態を引き起こすのでしょうか？　このような場合、ラッチを持ったセッションはCPUを使えなくなるため処理が進まず、CPUを使えるセッションはラッチをつかめずに処理が進まないという状況が発生します（図8.8）。手元のマシンで実験すると、ラッチの状況はリスト8.4のようになりました。

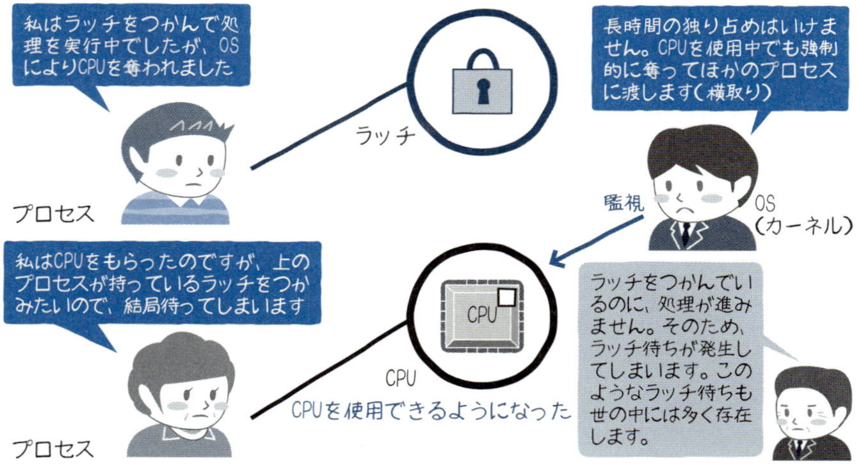

図8.8　ラッチ待ちが余計に悪化する1つのケース

リスト8.4　runキュー（CPU待ち）が多い場合のラッチ待ちの例

ラッチ待ちが一番大きい。しかし、実は全然関係のない表を9多重でフルスキャンしただけ。しかも1CPUのマシン（=OSの観点からは1多重でしか処理が進まないマシン）で起きている。
考えられるのは、ラッチをつかんだプロセスがCPUを奪われたことが主原因ということ。実際、最適な多重度（runキューがほとんどない）にするとCPU使用率がほぼ100%でもこのラッチ待ちはほぼ0だった

```
Statspackからの抜粋
Top 5 Timed Events
~~~~~~~~~~~~~~~~~~                                                % Total
Event                                         Waits    Time (s) Call Time
-------------------------------------------- ------------ ----------- ---------
latch: cache buffers chains                   1,819          92     52.04
CPU time                                                     65     37.09
db file scattered read                        1,278          13      7.23
latch: library cache                             13           2      1.14
db file sequential read                         244           2       .86
```

この事象を人間にたとえると、「ある人が大事な処理をしている最中に、上司から割り込みされて新しい仕事をすることになった。その結果、その大事な処理を待っているほかの人が巻き添えで待たされてしまった」というイメージです。

なお、この事象はCPUのスケジューリング以外に、OSのページングなど望ましくない理由でOracleのプロセスの処理が止められてしまうような場合にも発生します。筆者の経験では、中小規模のシステムにおける最近のラッチの競合の多くは、このようなCPUリソース不足かページングが原因でした。望ましくない待機とロック競合激化の話は、Oracleに限らずOSなどITの分野では広く見られるため覚えておきましょう（各製品によっていろいろな工夫がされているため、必ずしも図8.8と同じ動きをするわけではありません）。また、テストや運用の際に、このようなラッチ競合が見られたら、まずはCPU待ちを起こさせないようにしてみてください。

現場のIT用語

はける、とげ／ひげ／スパイク／針、アベンド

現場ではテキストに出てこないIT用語が頻繁に出てきます。そのような用語はなかなか人に聞けないものです。ここでは、そんな現場の用語の中から、パフォーマンスや運用に絡んだものをいくつか解説します。

●はける

たまった処理が処理されて、処理待ちがなくなっていくこと。「ページングが収まって、ラッチ待ちが見られなくなった。その後、ようやくたまっていた処理がはけたよ」と言ったりします（筆者の実体験です）。

●とげ、ひげ、スパイク、針

リソース（たとえばCPU使用率）を監視する際に、跳ね上がった値をこのように呼びます。リソースの使用状況を時系列でグラフにすると、跳ね上がった値はピンととがった図形になるところから、こう言われます。たとえば「ラッチ待ちは、このCPU使用率のとげの時間帯に発生しているよね」と言ったりします（これも筆者の実体験です）。どちらかというと、人や現場ごとに使われる言葉が違うようです。

●アベンド

異常終了のこと。abnormal endの略。「バッチ（ジョブ）がアベンドした」という言い方をします。

8.5 まとめ

この章では次のことを解説しました（図8.9）。

- 待機とは待っているという状態を表わしているにすぎない
- アイドル待機イベントとアイドルではない待機イベントがある
- ロックはデータを保護するためにある
- デッドロックはお互いが所有するロックを要求して処理が進まない状況である
- ロック競合を解消するためには、アプリケーション側で対処しなければならないことが多い
- ラッチはOracle内部の大事なもの（主にメモリ）を保護するためにある
- 大規模ではないシステムにおいてラッチ競合が激しいようであれば、CPUリソース不足か、ページングなどの望ましくない状態になっていないかどうかも確認する
- Oracleを健全に動かすためには、土台となるOSも健全な状態でなければならない

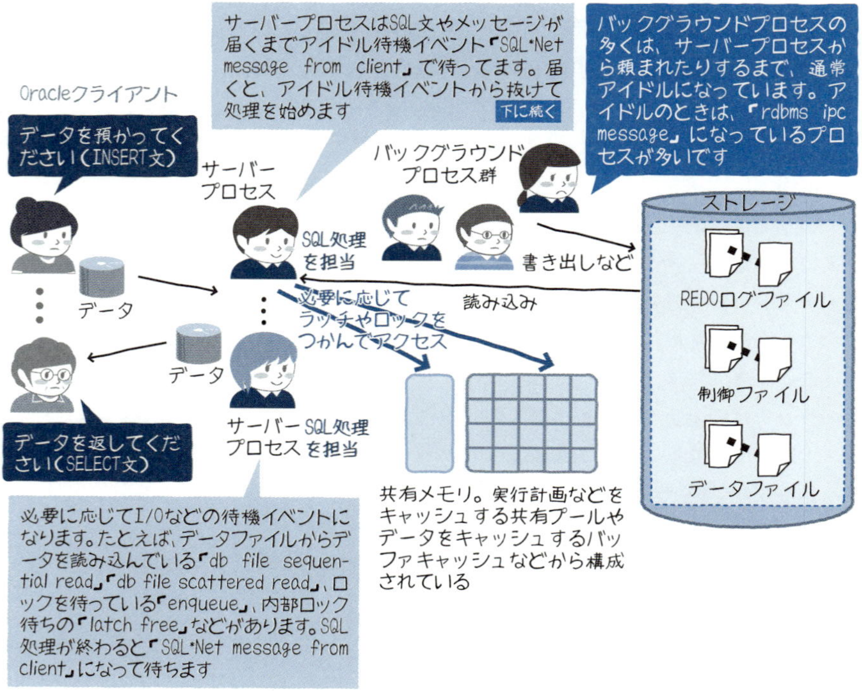

図8.9　この章のまとめ（Oracle全体のイメージ）

次章では「REDO」と「UNDO」について解説します。データベースを触り始めたばかりの人にとっては、「データベースはなぜデータを復旧できるのか」「なぜロールバックできるのか」といったことが不思議に思えるでしょう。次章ではそのカラクリをお教えします。

第9章

REDOとUNDOの動作

この章では、REDOとUNDOについて解説します。REDOとUNDOを理解することで、トランザクションが備えなければならない「データの保証の仕組み」や「読み取り一貫性」もわかります。また、ORA-1555というエラーがなぜ起きるのか、どうやって避ければ良いのかも理解できます。リカバリの基礎ともなる内容のため、しっかり身につけましょう。

9.1 なぜ、REDOとUNDOを学ぶのか？

トランザクションが備えなければならない特性に「ACID」というものがあります。この特性を実現するためにREDOとUNDOは欠かせないため、これらを学ぶ必要があるのです。REDOとUNDOの解説に入る前に、ACID特性とはどのようなものなのか見ておきましょう。

9.1.1 A（Atomicity）：原子性

トランザクションに含まれるデータ変更は、「すべてOK」か「すべてNG」のオール・オア・ナッシングです。DBMSはトランザクションの一部のみ変更するというデータ変更は行ないません。

たとえば、あるトランザクションで口座Aから出金し、口座Bへ入金した場合、「出金は記録されるが、入金は記録されない」といったことがあると困った事態になります。原子性とは、このようなことが起きないという意味です。言い換えると、トランザクションはこれ以上分割できないデータ変更の最小単位であるという意味です。

9.1.2 C（Consistency）：一貫性

トランザクションによってデータ間の不整合を起こしてはならないという意味です。不整合の例としては、「顧客表のデータは更新されているのに、顧客表のインデックスのデータは変更されていない」といったものがあります。

9.1.3 I（Isolation）：分離性

トランザクション同士は分離されていて、独立しているという意味です（図9.1）。あるトランザクションを単独で実行しても、別のトランザクションと同時に実行しても結果は同じ（ほかのトランザクションを意識する必要はない）ということです。ただし、DBMSによっては、どの程度分離させるかというレベルを選べます。

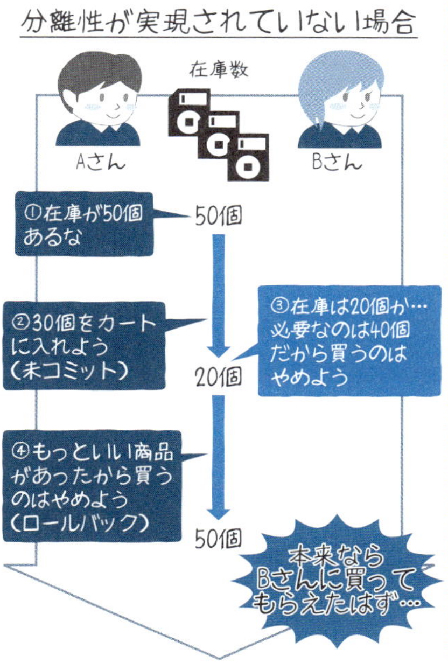

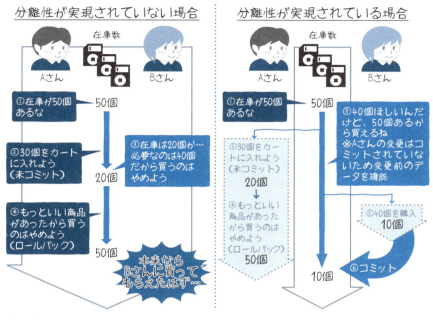

図9.1　分離性のイメージ

9.1.4 D（Durability）：持続性

コミットされたトランザクションは、障害があってもデータが復旧されなければいけないという意味です。

ACIDの特徴を大ざっぱにまとめると、次のようなことだと言えます。

・マシンがダウンしても、コミットされたデータは復旧できなければいけない
・中途半端なデータ変更はダメ
・トランザクション単位で変更（もしくはロールバック）されなければならない
・ほかのトランザクションと同時に実行してもしなくても結果は同じ

以降では、特に「持続性」と「分離性」の実装に関連することを解説します。

9.2 持続性を実現するには？

まず、データベースの大事な特徴である、コミットされたデータを守る特性（持続性）の実装について考えてみましょう。実現方法としては、コミットされたデータをそのタイミングでディスクに書き出せば良さそうです（図9.2）。

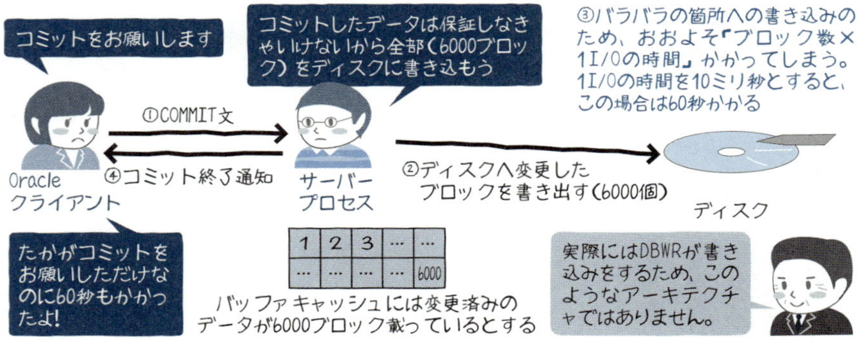

図9.2　コミット時にコミットされたデータをディスクに書くと……？

しかし、ここで思い出していただきたいのが、第1章で解説したディスクの特性です。ディスクI/Oの時間のほとんどは、いわゆる「頭出し」の時間で占められているのでした（図9.3）。この方法では大量のデータを変更した場合、COMMITに非常に長い時間がかかってしまいます。

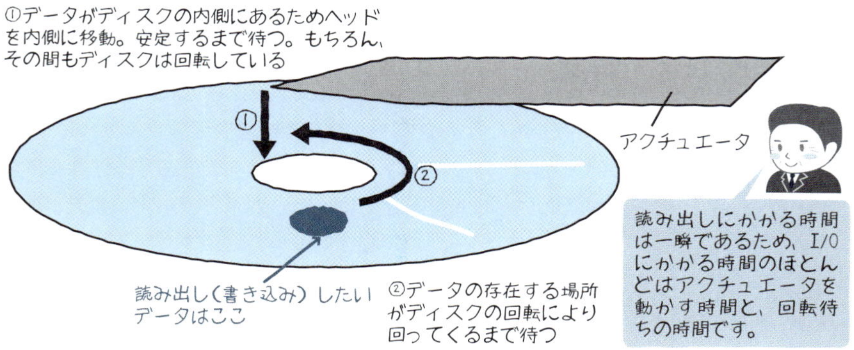

図9.3　ディスクのI/O処理に必要な動作

そこで商用DBMSの多くは、ログ（更新ログ）を採用することによって、性能と持続性の両立を実現しています。Oracleも同様で、REDOログによって性能と持続性を確保しています。なぜREDOログによって性能が確保されるのかというと、REDOログにデータをまとめて書き込むことでI/O回数が減るためと、シーケンシャルアクセスになるためです（図9.4）。I/Oサイズが大きくなっても頭出しの回数は変わらないため、それほどI/O時間は延びません。

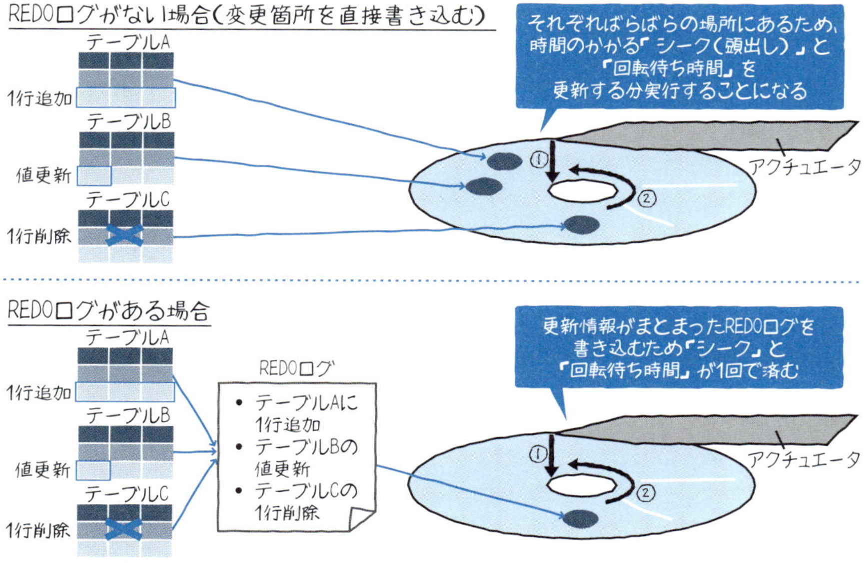

図9.4　REDOログによる性能確保の仕組み

9.3 REDOとUNDOの概念

REDOとUNDOの概念を理解するのは大変です。そこで概念を理解するために、「仮想世界」と「時の神」の例を考えてみましょう。

この仮想世界では、必要に応じて時間を巻き戻すことが要求されます。また、仮想世界の情報がアクシデントで失われ、時の神が仮想世界を元に戻さなければならないこともあります。この仮想世界の時の神に必要な情報は何でしょうか？

まず、仮想世界が失われてしまったとき、最新の状態まで復旧させる（時間を進める）ための情報が必要です。いくつか方法があるかと思いますが、ある時点の仮想世界の情報＋仮想世界の更新情報（誰が何をした）があれば、最新の状態までは復旧させることができそうです。たとえば、昨日から今日に時間を進めるには、誰が何をしたという情報を使って、昨日の仮想世界の情報を書き換えることで実現できます（図9.5の上部）。

「誰が何をした」という情報だけでは、現在の状態から過去の状態へ時間を巻き戻すことはできません。たとえば、「今日、Aさんは学校に行った」という情報だけでは、Aさんが学校に行く前にどこにいたのかがわからないため、学校に行く前の時間に巻き戻すことはできません。これには、どうすれば昔の状態に戻るのかという情報も必要です（図9.5の下部）。

この仮想世界がデータベースに相当し、誰が何をしたという情報がREDOログ、どうすれば昔の状態に戻るのかという情報がUNDO情報です。REDOログを使って過去のデータを最新の方向に進めることを、「ロールフォワード」と言います。逆にUNDO情報を使って変更を取り消す（昔の状態に戻す）ことを「ロールバック」と言います。

仮想世界の時間に相当するものが、Oracleにも存在します。それは「SCN（システムチェンジナンバー）」というもので、Oracle内部の時間（正確には時間代わりの番号）を示します。リカバリのときなどに使用するため、SCNという単語とその意味は覚えておきましょう。

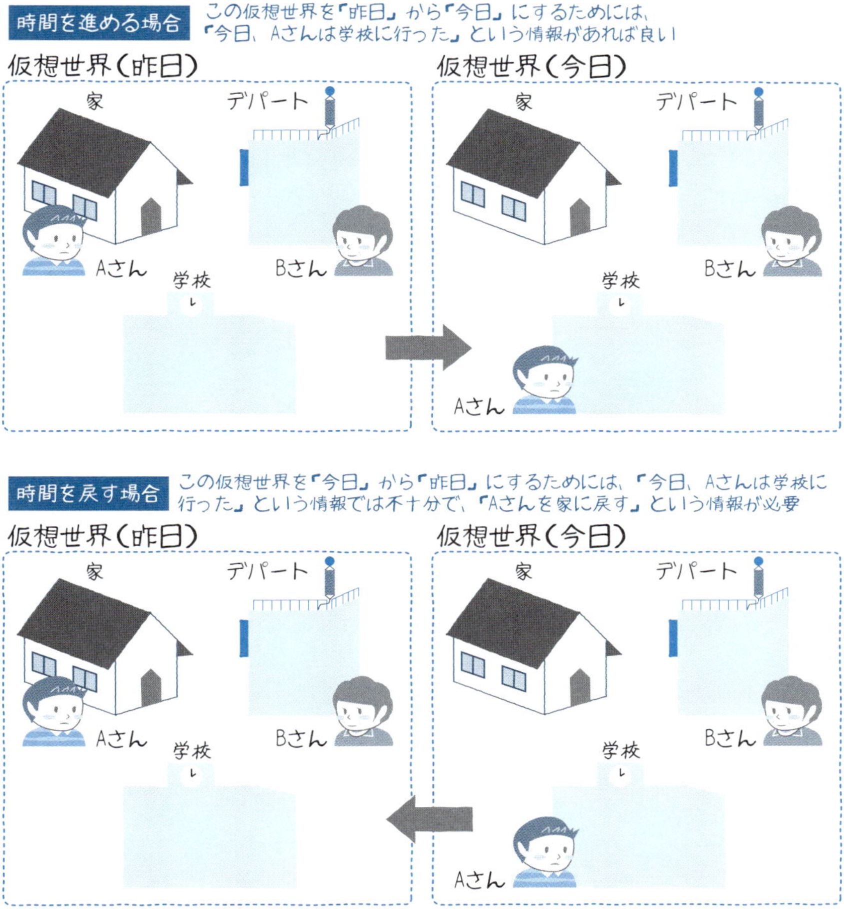

図9.5　仮想世界の時間を進めたり、戻したりするには何が必要？

9.4 REDOのアーキテクチャ

データの更新は、キャッシュ上で行なわれます。その際、REDOログ（変更履歴データ）と呼ばれるログデータが生成されます（図9.6）。注目していただきたいのが、この時点（コミットされていない時点）でブロックのデータが更新されてしまうことです。

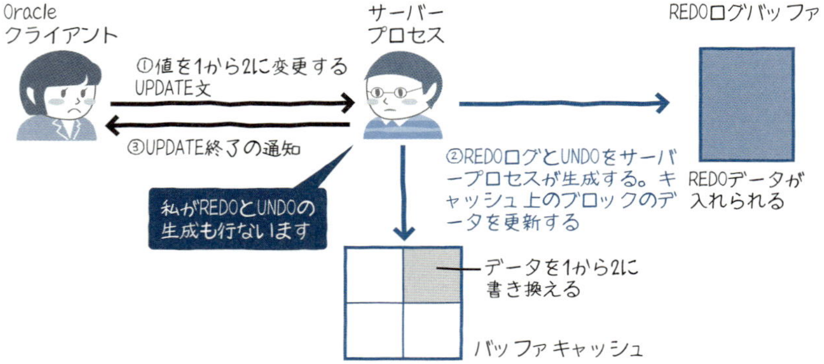

図9.6　REDOログはいつどのように生成される？

REDOログをコミットまでに必ずディスクに書き出しておくことで、Oracleは持続性（Durability）を実現します。ただし、先ほど解説したように、性能面のデメリットなどがあるため、コミットと連動してデータブロックを書き出そうとはしません。

さて、REDOログのアーキテクチャはどうなっているのでしょうか？　REDOログ用のメモリとして、REDOログバッファが共有メモリにあります。REDOログをディスク上のREDOログファイルに書き出すのはLGWRと呼ばれるプロセスです（図9.7の②）。REDOログを格納するREDOログファイルは有限の数（通常3個程度で1セット）でサイズにも限りがあるため、ずっとためておくことができません。

そこで、長期間REDOログをためておくためのファイルとして、アーカイブREDOログファイルがあります。REDOログファイルが一時的なREDOログの保管庫で、アーカイブREDOログファイルが、長い間保管できる本格的な保管庫という役割です（図9.7の③）。なお、バックアップを取得すれば、バックアップ開始より前に生成が終わったアーカイブREDOログは不要です。

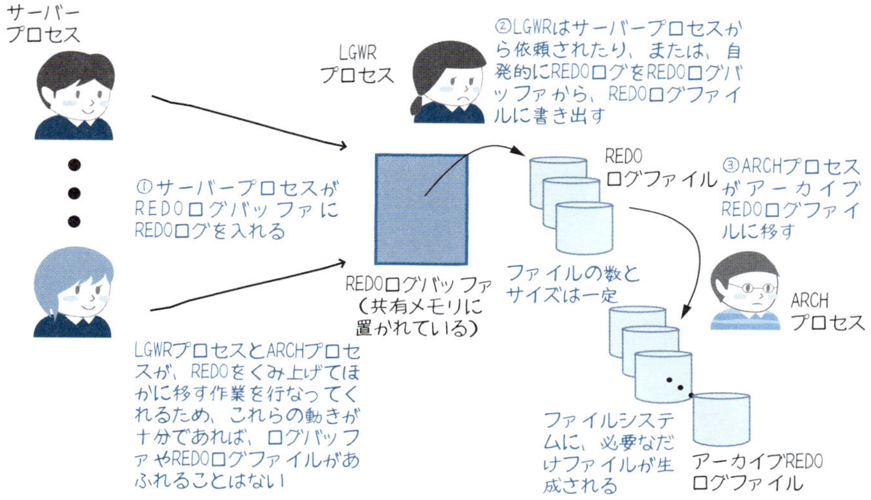

図9.7　REDOログのアーキテクチャ

なお、REDOログファイルは大変重要なファイルであるため冗長化しましょう。普通、REDOログファイル群を複数セット作って冗長化しますが、この冗長化はメンバを追加することによって行ないます（図9.8）。冗長化すると「グループが増える」と考えがちですが、実際には「メンバが増える」ため気をつけてください。

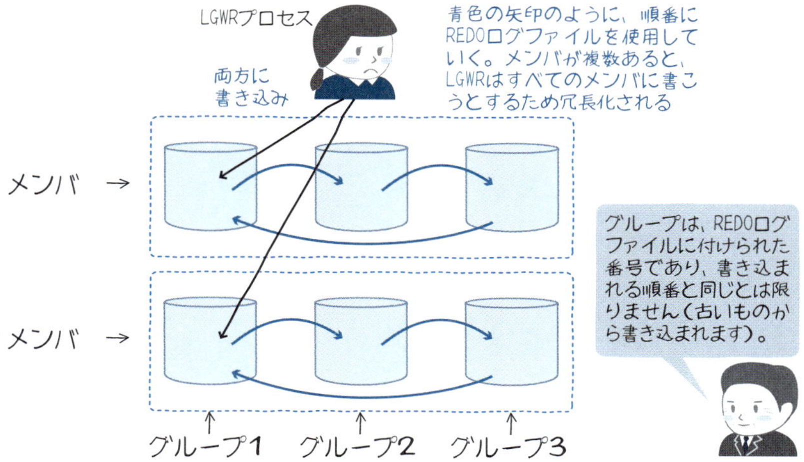

図9.8　REDOログのグループとメンバとは？

プロセスレベルの動作を解説すると、サーバープロセスはコミット時には、LGWRプロセスにREDOログの書き出しを依頼します。依頼を受け取ったLGWRプロセスは、REDOログをREDOログファイルに書き出します。書き出しが終わると、LGWRプロセスがサーバープロセスに書き出しが終わったことを通知します。その後、サーバープロセスはコミットが終わったことをOracleクライアントに対して通知するわけです。

実は、Statspackやv$session_waitなどでよく見られる「log file sync」という待機イベントでは、主にLGWRによるREDOログの書き出しを待っています。必要な待機イベントであるため、許容範囲内の時間であれば、チューニングしないのが普通です。どうしても時間を短くしたいのであれば、（可能な場合は）コミット回数を減らす、もしくはwriteキャッシュ[※1]を持つストレージを使うなどの方法があります。なお、このREDOログに関連する処理は、前章で解説したラッチ（latch）で保護されています。Statspackなどで「redo copy」や「redo allocation」などと表示されているラッチが、REDOログのためのラッチです。

9.4.1 REDOのまとめ

ここで、第1章で挙げたOracleを理解するためのキーワードが3つとも満たされていることに気がついた方もいるでしょう。

◉並列処理を可能にし、高スループットも実現

基本的に、複数のサーバープロセスは同時にデータ変更処理が行なえます（ただし同一データを除く）。REDOログの書き出しにおいても、LGWRは複数のサーバープロセスのREDOログをまとめて書き出せるため、高いスループットが実現できます。

◉レスポンスタイムを重視

コミット時にREDOログを書き出し、ブロックをディスクに書き出さないことによって、高速なコミットを実現しています。

◉コミットされたデータは守る

仮にDBWRがデータを書き込む間もなく、マシンがハード障害でダウンしたとしても、その後、REDOログとデータファイルに残っている古いデータを使ってデータを復旧させる（ロールフォワードする）ことができます。

※1 ストレージのwriteキャッシュとは、書き込みI/Oのためのキャッシュです。通常、Oracleのwriteはディスクに書かれるまでI/Oが終了しませんが、writeキャッシュがあればwriteキャッシュに書き込むだけでI/Oが終了します。そのため、書き込みI/Oのレスポンスが高速になります。

9.5 UNDOのアーキテクチャ

データを以前のものに戻すためのデータである、UNDO（ロールバックセグメントとも言います）について解説します。

データが変更されるとUNDO情報が生成されます。UNDO情報はセグメントに格納されることに注目してください。セグメントに格納されることから、どこかの表領域に格納されるということがわかります。この表領域を通常、UNDO表領域と言います。このUNDO表領域には複数のUNDOセグメントが作られます。これは基本的に、処理中のトランザクションとUNDOセグメントが1対1で対応するためです（図9.9の上部）。

UNDOセグメントはリングバッファです。リングバッファは、しばらくするとデータが上書きされてしまうバッファですが、未コミットのデータは上書きされません。上書きできずにUNDOセグメントがいっぱいになると、UNDOセグメントは大きくなります（図9.9の下部）。

undo_retentionというパラメータなどでUNDO情報の保持時間を設定できます。コミットされてもしばらくの間はUNDO情報を保持したいという場合に指定することがあります。

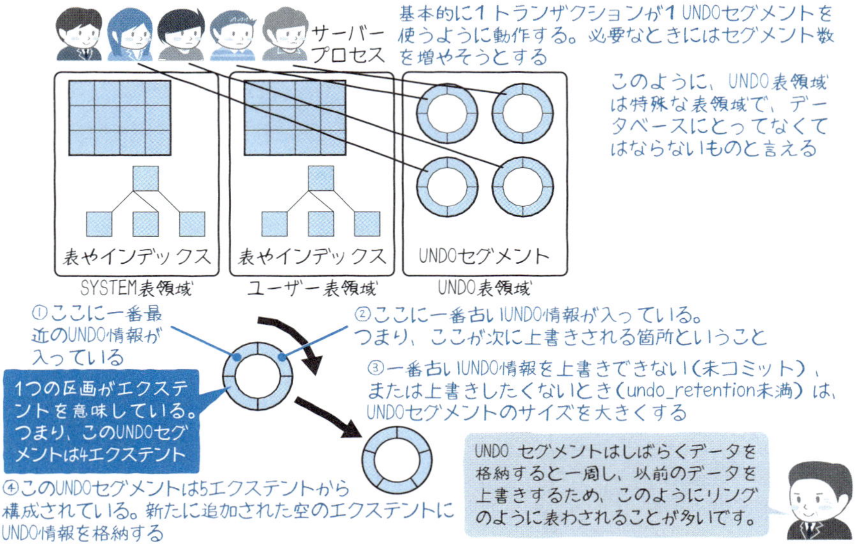

図9.9　UNDOセグメントはどこに格納される？ どう動作する？

9.6 さまざまな状況におけるREDOとUNDOの動作

9.6.1 ロールバック時の動作

ここまでで解説したように、Oracleでは、未コミットでもデータはすでに変更済みになっています。ロールバックが行なわれると、UNDO情報を使うことによってデータを元の値に変更します。

サーバープロセスが異常終了[※2]したときも、PMONと呼ばれるバックグラウンドプロセスが定期的にチェックを行ない、サーバープロセスのクリーンアップを行なってくれます。また、SMONと呼ばれるバックグラウンドプロセスが、データをトランザクション開始前の状態に戻してくれます。

9.6.2 読み取り一貫性に伴う動作

読み取り一貫性とは、検索処理に対して、ある時点のデータを見せる機能のことです。たとえば、検索開始後に他セッションで変更されたデータは（コミット済みでも）読ませず、検索中はずっと検索開始時のデータを見せるようにするというものです（図9.10）。

この読み取り一貫性において、意外なことにUNDOが使われています。読み取り一貫性は、データが更新されたタイミングを確認して、検索開始後に変更されたデータの場合はUNDOを使用し、過去のデータをメモリ上で再現します。

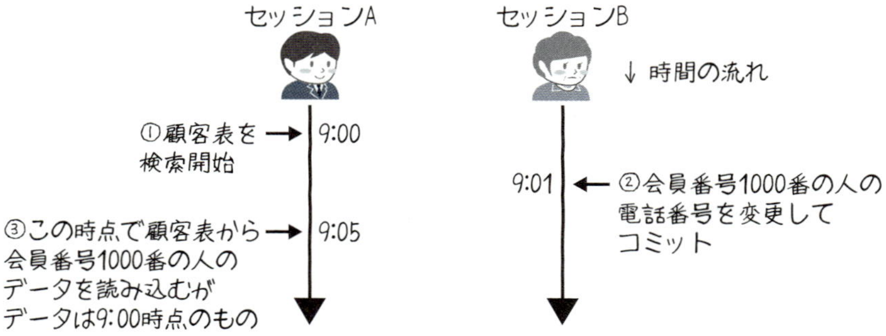

図9.10　読み取り一貫性による過去データの検索

※2　ここで言う異常終了の中には、ORAエラーで終了した場合のほかにも、killコマンドなどプロセスが異常終了した場合も含まれます。

9.6.3 未コミットのデータを読む際の動作

Oracleはデフォルトでは、分離性（Isolation）に関して「READ COMMITED」と呼ばれる動作をします。これは、他セッションのコミット済みの変更データは読めるという特徴があります[※3]。しかし、コミット前に他セッションの変更済みのデータを読めるようではいけません（図9.11）。この場合も、読み取り一貫性と同様に過去のデータを見せるのです。この動作も、必要なときはUNDOを使用して過去のデータをメモリ上で再現することによって実現しています。

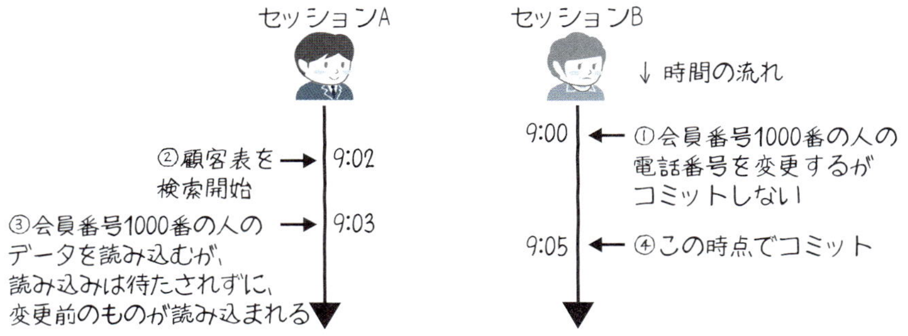

図9.11 「READ COMMITED」時に未コミットデータを読み込んだ場合の動作

9.6.4 ORA-1555 エラーが発生した場合の動作

このエラーは「過去のデータを見に行ったが、必要な情報がない」ということを示しています。多くの場合、長時間かかる検索でUNDO情報が上書きされていることが原因です。

たとえば、24時間かかる検索を考えてみましょう。検索を開始してから1時間後に、別のセッションがあるデータを変更してコミットしたとします（図9.12の上部）。数時間後に、そのデータに関するUNDO情報が上書きによって失われたとしましょう。その後、検索開始から20時間後に、データが変更された箇所を読もうとしたとします。データが変更されているため、Oracleは検索開始当時のデータを再現しようとします。しかし、UNDO情報は失われています（図9.12の下部）。検索を続行できないため、ORA-1555（スナップショットが古すぎます）というエラーを出して検索が失敗します。

※3 デフォルトでは分離性が高くないということに気がついた方もいるでしょう。しかし、世の中の多くのシステムが性能と便利さなどから、このモードのまま使用しています。

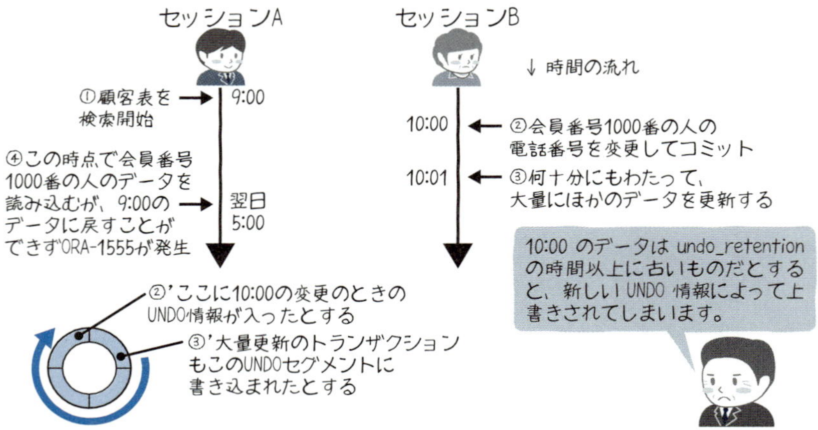

図9.12　最も多く見られるORA-1555エラーの仕組み

エラーが起きないようにするには、UNDO情報をより長く保持するよう設定する方法が考えられます。初期化パラメータundo_retentionでUNDOの保存期間の下限値を指定することができますが、本パラメータの設定はUNDO表領域の自動拡張がONになっている場合にのみ有効です。undo_retentionを設定したい場合は、UNDO表領域の自動拡張をONにし、必要に応じてMAXSIZEでデータファイルサイズに上限を設定することを検討してみてください。なお、UNDO表領域が不足している場合には、経過時間がundo_retaion未満のUNDO情報も削除されます。このため、事前にv$undostatの10分あたりのUNDO生成量を調べて、undo_retentionを大きくしてもUNDO表領域は十分かどうか確認してからundo_retentionを大きくするようにしましょう。

9.6.5 チェックポイントの動作

チェックポイントとは、メモリ上のデータをディスク上のデータへ同期させる作業のことです。具体的には、DBWRがメモリからディスクにデータを書き出します。

REDOログと昔のデータがあればロールフォワードできるとはいえ、あまり昔のデータからロールフォワードしようとすると時間がかかります。そのため、チェックポイントによって定期的にデータをディスクに書き込み、ロールフォワードにかかる時間を減らすようにしています。このチェックポイントはパラメータで制御できますが、あまり頻繁に書き込ませることは避けてください。理由は第1章（p.10）で説明したように、ディスクへの書き込みが頻繁に行なわれることは性能的にボトルネックになることがあるためです。

これを仮想世界にたとえると、図9.13のようになります。性能向上のためにメモリをうまく利用し、データの保証という意味でディスク上のデータを使うことを理解していただけるでしょう。

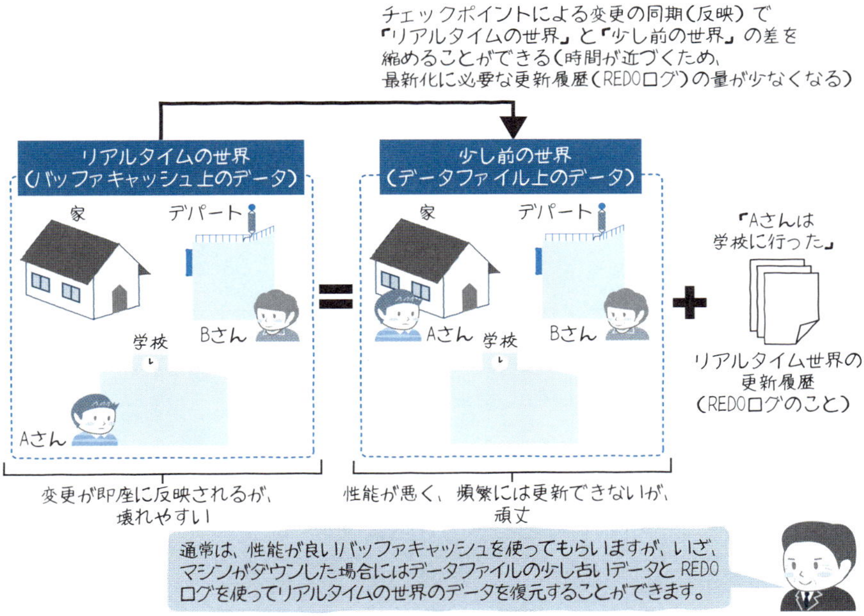

図9.13　チェックポイントを仮想世界にたとえると

9.6.6 インスタンスリカバリ時の動作

コンピュータは、クラッシュすることもあります。その場合、どのようにしてOracleはデータを復旧させるのでしょうか？

データファイルにはちょっと古いデータしかないはずなので、当然REDOログが活躍します。データファイルに対してREDOログを適用し、データを最新の状態に更新していきます。ここで困ってしまうのが、未コミットのデータの扱いです。REDOログファイルには未コミットのREDOログも入っているのです。しかし、最終的にコミットされなかったREDOログにはコミット情報がないため判別できます。そのようなデータはUNDOを使ってロールバックされます。きちんと原子性（Atomicity）を守っています。

ここで「UNDOは表領域に格納されているから、リアルタイムにディスクに書き込まれないのでは？」とするどい突っ込みをする方もいると思いますが、実はUNDOの更新情報もREDOログに入っているため、ロールフォワードすることによりUNDOも最新の状態になっていくのです（図9.14）。起動時に自動的に行なわれるこの回復（リカバリ）を、「インスタンスリカバリ」と呼びます。正式には「クラッシュリカバリ」と言いますが、世の中ではインスタンスリカバリと呼ばれることが多いため、ここでもインスタンスリカバリと呼ぶことにします。

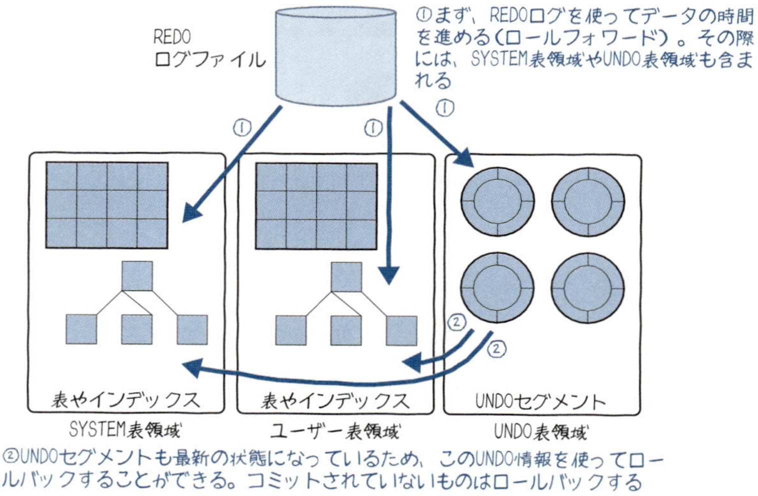

図9.14　インスタンスリカバリ（クラッシュリカバリ）はどう行なわれる？

このインスタンスリカバリを短時間で行ないたいという要望もあるでしょう。その場合には、チェックポイントが適度に行なわれるように設定してください。なお、ABORTによるデータベース停止後の起動においてもこのインスタンスリカバリが行なわれてしまうため、できればABORTによる停止はやめましょう。

9.7 まとめ

この章では次の内容を解説しました。

- REDOは古いデータを最新にするためにある
- UNDOは新しいデータを古くするためにある
- 読み取り一貫性はUNDOを使っている
- ORA-1555が発生する場合には、まずundo_retentionやUNDO表領域のサイズをチューニングすることを検討する
- マシンがクラッシュしたり、インスタンスが異常終了した場合には、REDOとUNDOを使ってデータの復旧と未コミットデータのロールバックが行なわれる

最後に図9.15を見て、REDOとUNDO（特にREDO）の動きがイメージできるか確認してください。

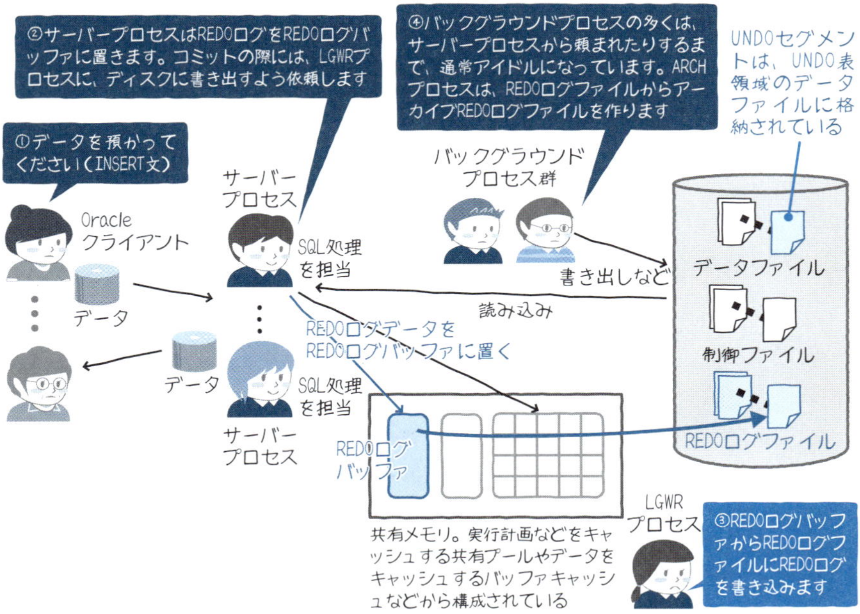

図9.15　この章のまとめ（特にREDOログに注目している）

COLUMN

Multitenant Architecture

Oracle 12c Release 1より提供されているMultitenant Architecture（MTA）をご存じでしょうか？

12cの目玉の1つとして発表されたため、ご存じの方もいるでしょう。ざっくり言えば、Cloud時代に向けて発表された、複数のデータベースを管理する上でシステムの独立性を保ちつつ、運用コストを低減するための新しいシステムアーキテクチャです。

複数の業務データベースと、それを管理する管理データベースがあるといったイメージです。管理データベースはあくまで管理を目的としており、所属する複数の業務データベースがこれまで通りそれぞれのシステムのアプリケーション等から接続を受けて、データの出し入れを行ないます。

また、バックアップ／リストア、アップグレードやパッチの適用などの基本的な管理を管理データベース経由で内部的に行なうことができるため、データベース管理の運用コストを低減するという管理面でのメリットもあります。

図9.Aがアーキテクチャのイメージ図です。

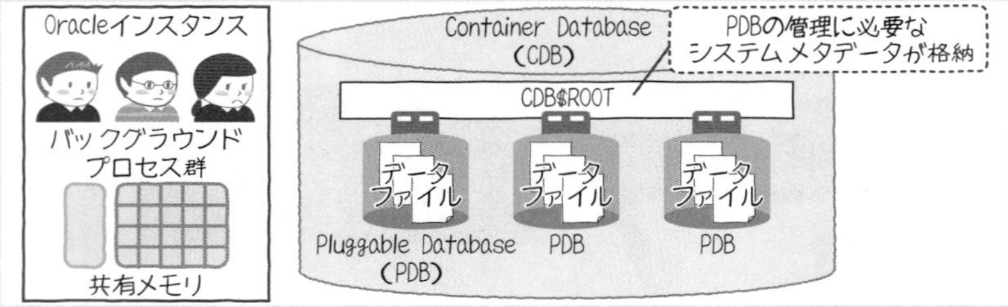

図9.A　MTAデータベースの概要

前述の管理データベースに相当するのがContainer Database（CDB）、業務データベースに相当するのがPluggable Database（PDB）です。

CDBはデータベース全体で共有するオブジェクトやメタデータを管理します。一方でPDBはこれまで通りアプリケーションからアクセスされるデータベースで、個々のデータを保持します。アクセスする側ではPDBということを意識することなく、これまで通りのデータベースとして扱うことができます。

上記のアーキテクチャの通り、プロセスやメモリというリソースを共有し、ユーザーデータは個別に持つというアーキテクチャにより、リソースを活用しつつ、データの独立性を保つ仕組みとなっています。

MTAの詳細については、マニュアル『Oracle Multitenant管理者ガイド 18c』を参照してください。

第10章

バックアップ／リカバリのアーキテクチャと動作

データを失いたくないシステムではバックアップ／リカバリの仕組みを用意して、いつでもリカバリできるようにしておく必要があります。しかし、現実にはバックアップが正しく行なわれていなかったり、リカバリをきちんと理解していないためにリカバリに失敗するという事例は後を絶ちません。この章の内容をしっかり理解して、万が一の事態に備えておきましょう。

10.1 なぜ、バックアップ／リカバリを学ぶのか？

データは大事な資産です。システムによっては「お金とは換えにくい」と言われることもしばしばです。みなさんも「せっかく作業していたファイル（データ）を保存する前に間違って消して困ってしまった」というような経験があるのではないでしょうか？

個人的なファイル（データ）であれば再作成で済みますが、大勢が使用するシステムではそうもいかないことが多いです。たとえば、銀行の口座情報などが消えてしまったらどうでしょう。データの再作成は到底できませんし、大混乱が起こりますよね。

ディスクを多重化するなど、堅牢なシステムを作り上げたとしても、システムやそれを動かすマシンも万能ではないため、経年劣化により突然複数のディスクが壊れて多重化の甲斐なくデータが無くなることも起こるかもしれません。また、システムを扱うのは人間のため、人的なミスでのデータ消失も起こりうるでしょう。そのため、万が一に備えてデータを守るバックアップはとても重要です。

しかし、実際の運用ではバックアップを取得しない設定になっていたり、ノーアーカイブログモード（REDOログのアーカイブをしないモード）だったり、バックアップの取得漏れがあったりします。そして、いざトラブルになると「それでも、どうしてもデータを復旧させたい！」という話になります。

仮にバックアップがあったとしても、最適なリカバリ方法を選んでデータを使える状態に戻すためにできるだけ早くリカバリしなければなりません。万が一に備えて、今からバックアップ／リカバリの仕組みを学んでおきましょう。

10.2 バックアップ／リカバリに必要な知識のおさらい

まず、この章を学ぶ際に必要な知識のおさらいをします。データベースを構成するファイルは、データファイル、制御ファイル、REDOログファイルの3種類です（図10.1）。

REDOログはデータベースに対する変更履歴データのことです。このREDOログを使って過去のデータを最新の方向に進めることを、ロールフォワードと言います。UNDO情報はデータを過去に戻すための情報で、ロールバックはUNDO情報を使って変更を取り消す（昔の状態に戻す）方向に処理を進めることです。

また、SCN（システムチェンジナンバー）という数字が存在しますが、これはOracle内部の時間（正確には時間代わりの番号）です。

チェックポイントとは、バッファキャッシュ上のデータとディスク上のデータの同期をとることです。チェックポイントが終われば、それまでにメモリ上で行なわれたデータ更新はディスクに反映されたことになります。

インスタンスリカバリ（正式にはクラッシュリカバリ）とは、ABORTでSHUTDOWNを行なったりインスタンスが異常終了した後、Oracleが次の起動時に自動的に行なうものです。データファイル上のデータとREDOログを用いてデータを最新の状態にします。これによりCOMMITされたデータを復旧させます。COMMITされていないデータもREDOログを見ればわかるため、そのようなデータは順次ロールバックします。

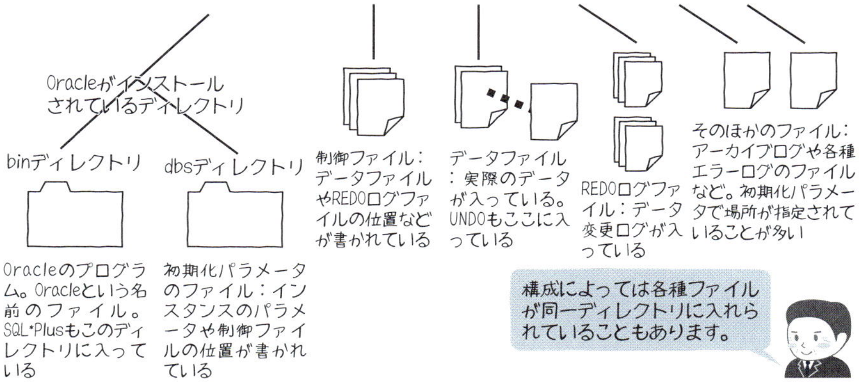

図10.1　データベースの主要なファイル構成

データベースの起動もおさらいしておきましょう。起動には、SHUTDOWN（インスタンスが停止した状態）、NOMOUNT（インスタンスが起動した状態）、MOUNT（制御ファイルを読み込んだ状態）、OPEN（ユーザーから使用できる状態）の4つの状態があります（図10.2）。Oracleは起動する際、初期化パラメータをファイルから読み込んでインスタンスを起動します。インスタンスとは、共有メモリ＋バックグラウンドプロセスの集合のことです。このインスタンスを起動した後、初期化パラメータに基づいて制御ファイルを読みます。制御ファイルにはデータファイルやREDOログファイルの場所などが書かれていて、それに基づいてOracleはデータファイルを確認し、データベースを使用できるようにします。

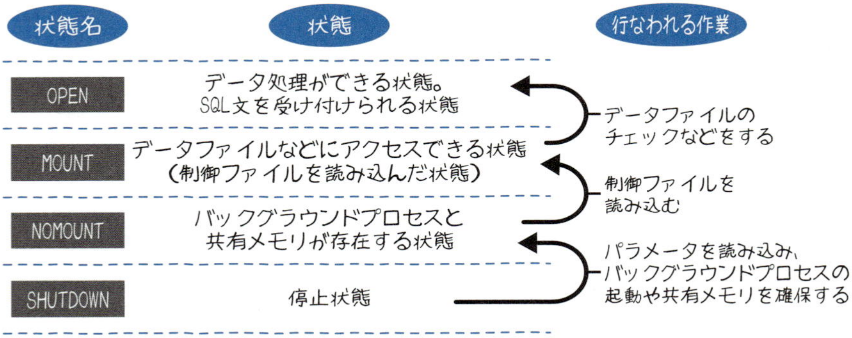

図10.2　Oracleの起動には4つの状態がある

10.3 バックアップの種類と特徴

バックアップには「オンラインバックアップ（ホットバックアップ）」と「コールドバックアップ」の2種類があります。コールドバックアップは一番無難なバックアップで、完全にインスタンスを停止した状態でとるバックアップです。すべてのデータが書き込まれている（チェックポイント済み）ファイルになっています。可能であればコールドバックアップを取得するのが簡単で良いでしょう。

これに対して、24時間データベースを運用したいという要件に応えられるのが、オンラインバックアップです。データベースを運用しながらバックアップを取得する方法です。バックアップする前にはBEGIN BACKUPコマンド、バックアップ終了後にはEND BACKUPコマンドを実行する必要があります（OracleのRMANを除く）。

10.3.1 オンラインバックアップの手順

オンラインバックアップの手順は、次の通りです[※1]。

①「ALTER TABLESPACE <表領域名> BEGIN BACKUP;」
　もしくは「ALTER DATABASE BEGIN BACKUP;」の実行
②バックアップの実行
③「ALTER TABLESPACE <表領域名> END BACKUP;」
　もしくは「ALTER DATABASE END BACKUP;」の実行

オンラインバックアップはデータベースを運用しながらのバックアップであるため、コールドバックアップのようにチェックポイントが済んでいる状態のファイルではありません。また、バックアップの読み込みとデータ変更の書き込みのタイミングによっては、同一ブロック内のデータすらきちんと読み取れるという保証がないため、BEGINからENDまでの間は、REDOログに各種情報を追加してデータを復旧できるように動作します。データファイルのデータが不完全であるというこれらの事情により、リストア後にはREDOログを適用することが必須となっています。

なお、EXPORTなどを用いた論理バックアップを取得することもありますが、これは実際にはデータを抜き出しておくという意味であるため、REDOログによるリカバリには使えません。バッチ処理前に、データを保存しておきたい場合などに使われます。

※1　ALTER DATABASE構文はOracle 10gから使用可能です。

また、バックアップは2世代（セット）取得しておくことをおすすめします。保険という意味もありますし、バックアップを取得している最中に障害が発生し、取得中のバックアップも本番データも壊れてしまうという可能性があり得るためです。

上級者向けTips

オンラインバックアップ中のインスタンスダウンには要注意！

オンラインバックアップ取得中に何らかの理由でインスタンスが強制的に停止してしまうと、起動時に「ORA-1113：ファイル*XXX*はメディアリカバリが必要です」というエラーが発生して、データベースがOPENできなくなります。その場合には、MOUNT状態でEND BACKUPを行ない、その後、データベースをオープンします。また、リストアせずにRECOVERする方法もあります。このエラーが発生する確率は低いものの、実際に発生するとあわててしまうため、オンラインバックアップの運用を担当する方は覚えておきましょう。

Tips

論理バックアップ

論理バックアップとは、ある時点のデータの中身だけを抜き取り保存するバックアップです。代表的な方法として、DataPumpのexpdp/impdpユーティリティを使ってdumpファイルとしてデータを保存する方法があります。

論理バックアップは、オペレーションミスへの対処方法として有効です。データベースをリストアするほどでもないけど、誤ってデータを削除してしまったデータを戻したいというケースでは、論理バックアップから必要なデータだけを戻すことができます（フラッシュバックテーブルといった機能もありますが、条件によっては使用できないため割愛します）。しかし、論理バックアップはあくまでデータの中身だけを保存しており、バックアップ取得時点のデータまでしか戻せません。最新の状態に戻すには、アプリケーションでログを取得しておく等、ほかの手段と合わせる必要があります。

これに対して本章で紹介しているバックアップは、物理バックアップと呼ばれます。物理バックアップではデータファイルや制御ファイルごとバックアップを取得するため、ファイルが破損した場合も復旧することができます。また、REDOを適用することで最新の状態まで復元することができます。「データを失わせない」という観点では基本的に物理バックアップの取得をおすすめしますが、論理バックアップもケースによっては有効なため、補助的なバックアップとして取得するケースがあります。

10.4 データベース破壊のパターン

いろいろなデータベース破壊のパターンがありますが、ここでは代表的ないくつかについて解説します（図10.3）。

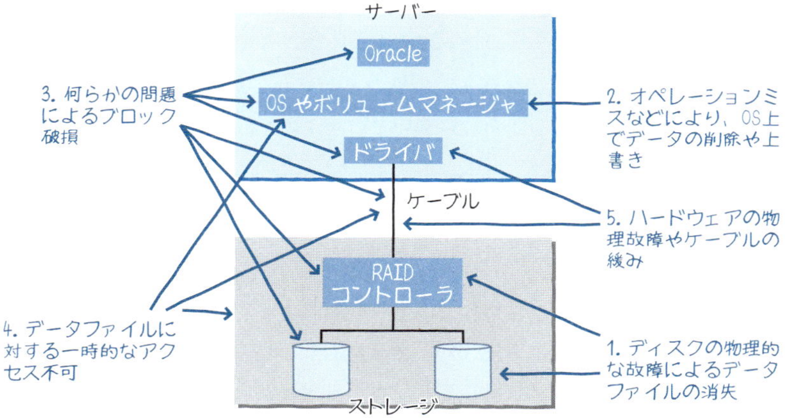

図10.3　どのようなところでデータが破壊されることがあるのか？

10.4.1 ディスクの物理的な故障によるデータファイルの消失

RAIDによってディスクを冗長化しておけばこのトラブル（図10.3の1）を防げることは多いものの、「RAIDコントローラが故障してRAID内のデータが消失してしまった」という話も聞くため、RAIDで完全に障害を防げるわけではありません。Oracleは起動中であれば、そのうち障害に気がつきます。停止中だった場合には、次回起動時に気がつくでしょう。

10.4.2 オペレーションミスなどにより、OS上でデータを削除や上書き

rmなどのコマンドによりファイルを削除してしまった、もしくはcpなどのコマンドによりファイルの中身を上書きしてしまったというトラブルです（図10.3の2）。Oracleは起動中であれば、そのうち障害に気がつきます。停止中だった場合には、次回起動時に気がつくでしょう。

10.4.3 何らかの問題によるブロック破損

データファイル全体が壊れたわけではなく、一部のブロックだけが壊れてしまった状態です（図10.3の3)。Oracleはいろいろな方法でブロックが壊れていないかチェックしていて、気がついた時点で「ここが壊れている」と通知してきます。現場ではOracleが問題だと疑われることが多い障害ですが、実際にはOracle以外が原因であることも多いです。このブロック破損の大変なところは、壊れてもなかなかOracleが気がつかないことが多い（該当箇所を読み込むまで気がつかないため)、ほかにも破損しているブロックが存在するかもしれないという2つです。

10.4.4 データファイルに対する一時的なアクセス不可

Oracleがデータファイルにアクセスしようとしたとき、OSやストレージ側の都合や不具合でファイルにアクセスできないことがあります（図10.3の4)。読み込めない場合はエラーになる程度で済みますが、書き込めない場合、Oracleはデータファイルをオフライン（使えない状態）にして、リカバリが必要だと認識します。書き込めない表領域がSYSTEM表領域の場合には、インスタンスがダウンします。

10.4.5 ハードウェアの物理故障やケーブルの緩み

ディスク以外のハードウェアも故障しますし、ケーブルが緩むことによってI/Oエラーを起こすこともあります（図10.3の5)。前述のブロック破壊もこれにより起こることがあります。

10.4.6 ドライバやアダプタカードなどの製品の不具合による破壊

Oracle自身やOracleからディスクまでのどこかの製品の不具合による破壊です。筆者の経験上、論理的な破損を除くとほとんどの原因がOracle以外のものです。前述のブロック破壊もこれにより起こることがあります。

10.5 基本的なリカバリの種類と動作

バックアップにも何通りかあるように、リカバリ（回復）にも次の種類があります。

- クラッシュ（インスタンス）リカバリ、メディアリカバリ
- 完全回復、不完全回復
- データベース／表領域／データファイル／ブロックのリカバリ

10.5.1 インスタンスリカバリとメディアリカバリ

前章でも解説しましたが、一般にインスタンスリカバリと言われるクラッシュリカバリは、インスタンスが異常終了した後、起動時に自動的に行なわれるリカバリのことです。

これに対してメディアリカバリは、ディスク上のデータが壊れてしまったときにユーザーが明示的に実行するリカバリです。なお、バックアップからのリストアを含まない、現行のデータファイルを用いるメディアリカバリもあります（詳細は後述します）。世間一般で言うリカバリは、メディアリカバリのことを指します。

10.5.2 完全回復と不完全回復の違い

完全回復とは、最新データまでリカバリするという意味です。それに対して不完全回復とは、ある時点（途中）までのリカバリという意味です。通常は特別な理由がない限り完全回復を選びますし、Oracleも特に指定がなければ完全回復を実行します。不完全回復を選ぶのは、アーカイブREDOログが失われた場合や、何らかの理由により、ある時点のデータにしたい場合などです。

10.5.3 データベース／表領域／データファイル／ブロックのリカバリ

データベースのリカバリは、データベース全体のリカバリのことです。「RECOVER DATABASE」と入力して行ないます。

ほかの表領域は運用を続けながら、壊れた表領域だけリカバリしたい場合もあります。その場合は、一部の表領域を使えない状態（オフライン）にして表領域リカバリをします。当然ですが、オフラインにするとデータベース自体が運用できなくなるよ

うなSYSTEM表領域などの重要な表領域には、このようなリカバリはできません。なお、もう少し狭い範囲のリカバリとしてデータファイルのリカバリもあります。「RECOVER DATAFILE *XX*」と入力して行ないます。これらについては、「10.7.2　データベースを稼働させながら表領域をリカバリする」（p.184）で詳しく解説します。

少し特殊なのがブロックのリカバリです。RMAN（コラム「RMANって何？」p.178を参照）を使用すると、特定のブロックを指定してリカバリを実行できます。特定のブロックだけバックアップからデータを戻して、そのブロックに関するREDOログのみを使用する高度なリカバリです。該当ブロック以外は使用可能であるため、局所的な障害の場合に非常に高い可用性を実現できます。

また、リカバリする際には可用性だけでなく、リカバリにかかる時間ややり直しの可能性の低さも重要です。たとえば、SYSTEM表領域のデータファイルだけが壊れたのに、データベース全体をリストアしてリカバリするのと、SYSTEM表領域のデータファイルだけリストアしてリカバリするのでは、リカバリにかかる時間が違います（図10.4の②）。すべてリストアしてしまうと、ユーザー表領域などのデータに関しても、データファイルからの読み出しや、REDOログの適用といった作業が必要になるからです。

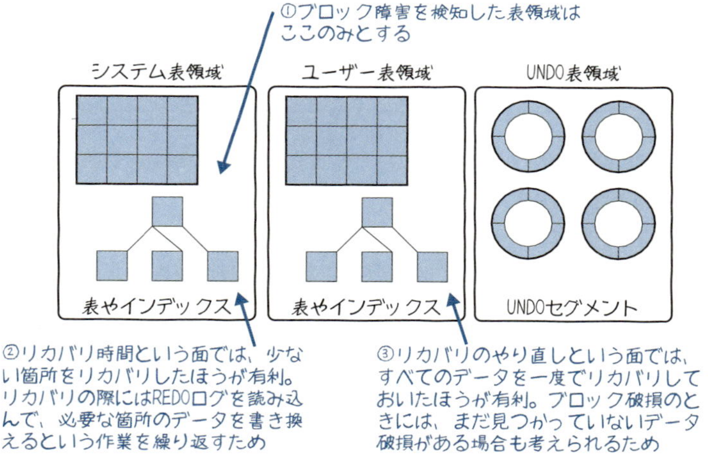

図10.4　リカバリにかかる時間とリカバリやり直しの可能性

また、たとえば一部の領域のみのリカバリでやり直しが発生してしまい、トータルでのリカバリ時間が長くなってしまうということもあります。なぜやり直しが発生するのかというと、ブロック破損が隠れていることがあるからです（図10.4の③）。

Oracleは該当ブロックを読み込むまでは、データの破損に気がつきません。そのため、後から破損していることに気がつく場合があるのです。前述のSYSTEM表領域のデータファイルが壊れた例でいうと、SYSTEM表領域でブロック破損が見つかった後、SYSTEM表領域をリカバリしたと思ったらユーザー表領域でもブロック破損があることが判明して、ユーザー表領域のリカバリが必要になるという可能性もあります。どのような理由により破壊されたのかを理解して、最適なリカバリ方法を選ぶようにしてください。

10.5.4 リカバリが必要ない表領域もある？

実はリカバリが必要ない表領域も存在します。障害が発生した場合、次に挙げる表領域ではないかと考えてみることも重要です。

- 専用一時表領域
- 読み取り専用表領域（読み取り専用にした後にバックアップを取得していることが前提）
- インデックス用表領域（インデックスの再作成をすることが前提）

専用一時表領域（表やインデックスなどを格納していない一時表領域）であれば、削除して再作成すれば良いでしょう。これは、ソートなどのために一時的にデータを置いているだけにすぎず、失われても問題がないためです。

表領域を読み取り専用モードに変更すると、Oracleはそれ以後、その表領域に対して変更をしません。そのため、その表領域にはREDOログは必要ありません。一度バックアップをとっておけば、それをリストアするだけでリカバリは終了です。

インデックス用の表領域の場合、インデックスを作成するもととなるデータは表に存在しているわけですから、表領域を捨ててしまっても、もう一度作り直せば元通りになります。

COLUMN

RMANって何？

RMAN（アールマン）とは、Oracle 8以降のOracleに標準で付属しているユーティリティ「Recovery Manager」の略称で、バックアップ／リカバリを簡単に行なえる管理ツールです。RMANは、サードパーティ製品と連動して自動的にテープからのリストアを行なってくれるという機能や、管理情報を持つカタログデータベースというデータベースを備えることもできます。

最近のRMANは、RMANでしか行なえない機能が存在したりもします。Oracle 10g以降のRMANで筆者が注目に値すると考えているのは、更新した箇所だけのバックアップ機能（チェンジトラッキング）とバックアップしたファイルの更新機能（増分更新バックアップ）です。

近ごろはディスクやデータベースのサイズが大きくなっていて、1つのディスクをバックアップするのにかかる時間も長くなっています。そのため、バックアップにかかる時間は無視できません。Oracle以外の製品では、バックアップの際に基本的にすべてのディスク上のデータを読み込まなければなりません。しかし、チェンジトラッキング機能を使えば、更新した分だけをピンポイントで読み出して、RMANでバックアップすることが可能です（今までのバックアップでは、すべて読み込まないと更新されたかどうか判断できませんでした）。

とはいえ、それでも通常の増分バックアップでは、いつかはフルバックアップを取得する必要があります。そこで、増分更新バックアップ機能を利用します。これは、以前取得したフルバックアップに更新されたデータを適用する機能です。チェンジトラッキングと増分更新バックアップを合わせて使うことによって、必要な部分だけを読み込み、フルバックアップをどんどん新しいデータへ更新できます（図10.A）。ただし、バックアップに対する更新が必要なため、バックアップをディスク上に置いておかなければいけないなどの制限があります。

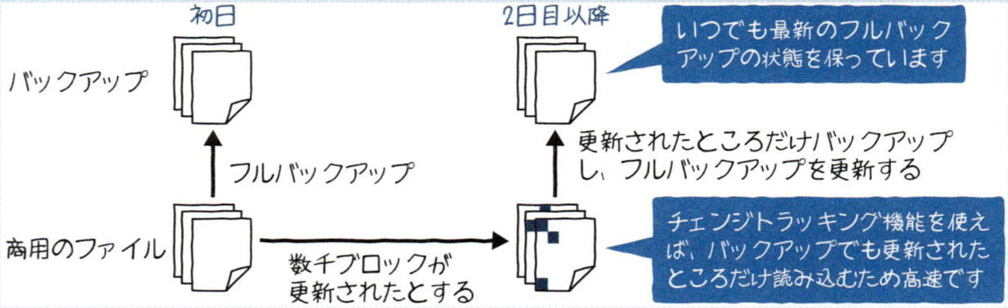

図10.A　増分更新バックアップの動作

10.6 基本的なリカバリの流れ(データベース全体のリカバリ)

データベース全体のリカバリを例にして、基本的なリカバリの流れを解説します。データベース全体をリカバリする際は、すべてのデータファイルをリストアして、業務を止めてリカバリします。手順は次の通りです。

①データベースが壊れているかどうか確認する
②やり直しができるように現状のバックアップをとる
③必要なデータファイルとアーカイブREDOログファイルのリストアをする
④リカバリを実行する

10.6.1 ①データベースが壊れているかどうか確認する

前述したように、Oracleは稼働中に破壊に気がつくこともありますし、起動時に気がつくこともあります。また、ユーザーやストレージが先に気がつくこともあるでしょう。もしORAエラーが出ていれば、その内容を確認します。OSやストレージのエラーが出ていないかどうかも確認しましょう。マニュアルやMOS（My Oracle Support）のドキュメントなどを参照しながら、必要であればサポートに、破壊されているかどうかと、リカバリが必要かどうかを確認してください。

Oracleの起動が止まってしまう場合、何が壊れているのかを調べましょう。たとえば、制御ファイルが壊れていれば、MOUNT状態になる前に止まると考えられます。初期化パラメータファイルが壊れていれば、インスタンスの起動自体が行なえなくなるでしょう。逆にデータファイルのみの障害であれば、MOUNTまで成功してOPENに失敗しているはずです。

ここからしばらくの間は、データファイルに障害が発生したという前提で話を進めます。データファイルをリカバリする際には、MOUNT状態にならなければいけません。理由は、制御ファイルを読み込んでいない状態では、データファイルの場所などを知ることができないからです。そのためMOUNT状態になって、ビューを確認しましょう。Oracleにはv$recover_fileやv$datafile_headerという便利なビューがあります。これらを見ることにより、Oracleが認識しているリカバリが必要なデータファイルがわかります。

10.6.2 ②やり直しができるように現状のバックアップをとる

引き続きリストアとリカバリをしたいところですが、ここでいったんデータベースを停止して現状のバックアップをとりましょう。バックアップをとるのは、やり直しができるようにするためと、後で調査ができるようにするためです。やり直しの心配まで必要なのかと思われるでしょうが、実際にデータベース破壊が起きた場合、現場は大変混乱し、手順やコマンドのミスが多発するものです。二重障害を防ぐためにも、現状のバックアップを取得するようにしてください。

なお、現状のバックアップをとる際には、データファイルだけではなく、制御ファイルやREDOログファイル、アーカイブREDOログファイルも含めるようにしてください。

10.6.3 ③必要なデータファイルとアーカイブ REDO ログファイルのリストアをする

通常、データファイルのリストアを行ないますが、リストアが不要な場合もあります。それは、一時的なI/O障害などでデータを書き込めず、データベースが稼働中にデータファイルがオフラインになっただけの場合です。その場合には、v$ビューでリカバリが必要と表示されていても、リストアせずにリカバリをしてみましょう。リカバリできることも多いはずです。

それに対して、実際にデータファイルが壊れている、もしくはなくなっている場合にはリストアは必須です。基本的にalertファイルやv$ビューで表示されているものをリストア対象としますが、表示されていないほかのデータファイルも障害が疑われる場合にはリストアすることもあります。

また、リストアしても、すぐにリカバリを始めないでください。リストア後はMOUNTし、必ずv$datafile_headerを確認する癖をつけておきましょう（リスト10.1）。ここでは、リストアしたファイルが古い日時（ほぼバックアップを取得した日時）になっていることを確認してください。現場ではよくリストア漏れがあるためです。リストア漏れがリカバリの最終段階で発見されることは意外に多いものです。ここで確認しておかないと、リストア漏れによって再度時間のかかるリカバリを実行しなければならなくなるかもしれないため、注意が必要です。

リスト10.1　v$datafile_headerを確認

```
SQL> select tablespace_name, name, status, recover, to_char(checkpoint_time,⏎
'MM-DD HH24:MI:SS') from v$datafile_header;

TABLESPACE_NAME                     NAME
----------------------------- -----------------------------------
STATUS  REC TO_CHAR(CHECKP
------- --- --------------
SYSTEM                              /home1/XXXXX/system.dbf
ONLINE  YES 09-19 05:34:10

TS_UNDO                             /home1/XXXXX/TS_undo01.dbf
ONLINE  NO  09-19 06:37:31

SYSAUX                              /home1/XXXXX/sysaux.dbf
ONLINE  NO  09-19 06:37:31

USERS01                             /home1/XXXXX/users01_1.dbf
ONLINE  NO  09-19 06:37:31

USERS02                             /home1/XXXXX/users02_1.dbf
ONLINE  NO  09-19 06:37:31

USERS02                             /home1/XXXXX/users02_2.dbf
ONLINE  NO  09-19 06:37:31

6 rows selected.
```

（checkpoint_timeへの注記）データファイルのチェックポイント時刻を見る。昔のデータファイルであれば、この時刻も古いはず

（SYSTEMの05:34:10への注記）このSYSTEM表領域の最終書き込み時間はほかのファイルに比べて古く、ほぼバックアップの時刻となっている。このことからリストアされていることがわかる

続いて、リカバリに必要なアーカイブREDOログファイルをリストアします。ディスク上に必要なものがすべてそろっているのであれば、リストアしなくてもかまいません。

なお、オンラインバックアップのリカバリにはバックアップ中のREDOログが必要となるため、「アーカイブREDOログが足りない」という事態にならないように、日ごろの運用で気をつけるようにしてください。

10.6.4 ④リカバリを実行する

完全回復を行なうため、MOUNT状態で「RECOVER DATABASE;」と入力します。するとリカバリが始まりますが、内部ではどのようなことが起きているのでしょうか？

まず、リカバリのプロセスがアーカイブREDOログを読み込み、どこのデータ（ブロック）を変更しなければいけないのかを理解し、ブロックがキャッシュに載っていなければディスクからキャッシュに読み出すという動作をします（図10.5）。その後、

キャッシュ上でデータを更新します。どこかで読んだことのある動作ではないでしょうか？　実はリカバリの際の動作は、DML文による通常のデータ更新の動きとほぼ同じなのです。

リカバリが終了すると「Media recovery complete.」と表示されますが、ここで安心してはいけません。この後のALTER DATABASE OPENコマンドまで実行できて、はじめてリカバリの山場を越えたと言えるのです。このコマンドを実行してエラーを表示せずに終了すれば、データベースが使用可能な状態になります。業務を再開してもかまいません。

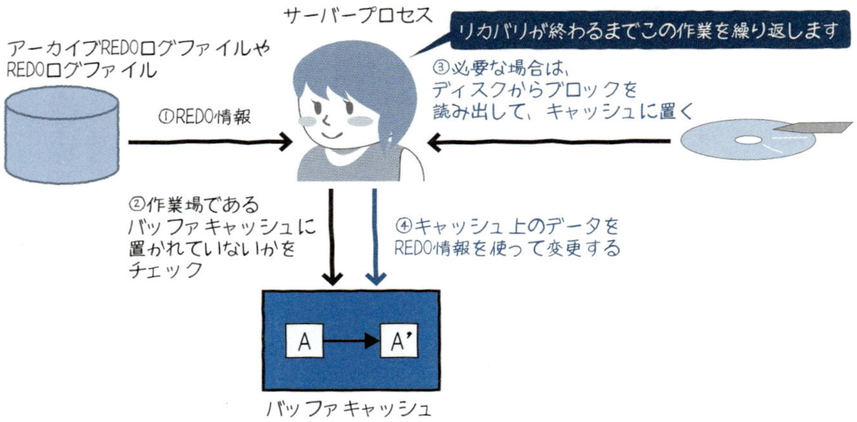

図10.5　リカバリ時の動作

COLUMN

バックアップ／リカバリでよくある失敗

筆者がよく聞くバックアップ／リカバリの失敗例に、次のものがあります。同じような失敗をしないよう参考にしてみてください。

・一部のデータファイルのバックアップ漏れ
・一部のデータファイルのリストア漏れ
・テープからのアーカイブREDOログのリストア漏れ
・必要なアーカイブREDOログファイルの削除

「バックアップ漏れ」は、たいてい運用中にデータファイルの追加を行なった場合に起きます。データファイルの追加コマンドを実行した後、バックアップのシェルのメンテナンスをしなかったためバックアップされなかったというのがその理由です。ストレージの高度なバックアップ機能を使用している際にも忘れられがちなため、バックアップ／リカバリは必ずテストを行なってください。

「リストア漏れ」は、単純に指定を忘れた場合や、Oracleのv$ビューの確認を怠っている場合に発生するようです。本文中でも解説したように、リストア漏れはリカバリの最終段階で気がつくことが多いため、実際の現場では厳重に確認するようにしましょう。

10.7 そのほかのリカバリ

10.7.1 不完全回復ってどんなもの?

データベース全体の不完全回復とはどのようなものなのか、もう少し詳しく解説しましょう。不完全回復は時間的に途中までのリカバリであるため、一部のデータが失われます。そのため、リストアするデータファイルは必ず目標時間よりも古いものを使う必要があります。なぜなら、REDOログを使ってロールフォワードする（時間を進める）ためです。v$datafile_headerを使って、リストア後のファイルの確認を忘れずに行ないましょう。

完全回復とコマンドで異なるところは、「recover DATABASE UNTIL *XXX*」という構文になる点です。*XXX*には「TIME *XXX*」「CANCEL」「CHANGE *XXX*」などのオプションが入ります。Oracleのログなどから目標時間としたいSCNがわかっているのであれば、CHANGEを使うこともありますが、たいていはTIMEで時間を指定したり、CANCELを指定してここまでは大丈夫とわかっているアーカイブREDOログまでを適用するようにします。

RECOVERが終了した後は「ALTER DATABASE OPEN RESETLOGS;」と入力します。RESETLOGSには各種初期化の処理が含まれるため、数分間待たされることも珍しくありません。プロンプトが返ってこないからといってあわてないようにしましょう。

内部動作は途中までデータベース全体の完全回復と同じですが、異なるのはRESETLOGSのところです。データファイル間の時間（タイムスタンプ）がそろっていない場合、データベースはオープンできません。また、RESETLOGSをすることによって、いろいろなものがリセットされてしまいます。たとえば、現在のREDOログをクリーンアップする作業が入りますし、今までのアーカイブREDOログも基本的に不要になります。RESETLOGSを実行した後は、早急にバックアップを取得しなければなりません。

10.7.2 データベースを稼働させながら表領域をリカバリする

データベースを稼働させながら、表領域をリカバリすることもできます。通常、リカバリが必要なファイルが存在すると、データベースはOPENできません。このような場合、重要な表領域でなければMOUNT状態で該当表領域のデータファイルに対して「ALTER DATABASE DATAFILE ... OFFLINE」を実行した後、OPENコマンドを実行できます。

OPENしたといっても、OFFLINEにしたファイルのデータは使えないままです。そこで、該当箇所だけRECOVERをします（図10.6）。必要なファイルをリストアした後、「RECOVER TABLESPACE <表領域名>;」や「RECOVER DATAFILE <データファイル>;」でリカバリを行ないます。リカバリが終わった後は、「ALTER TABLESPACE <表領域名> ONLINE」で使用可能になります。

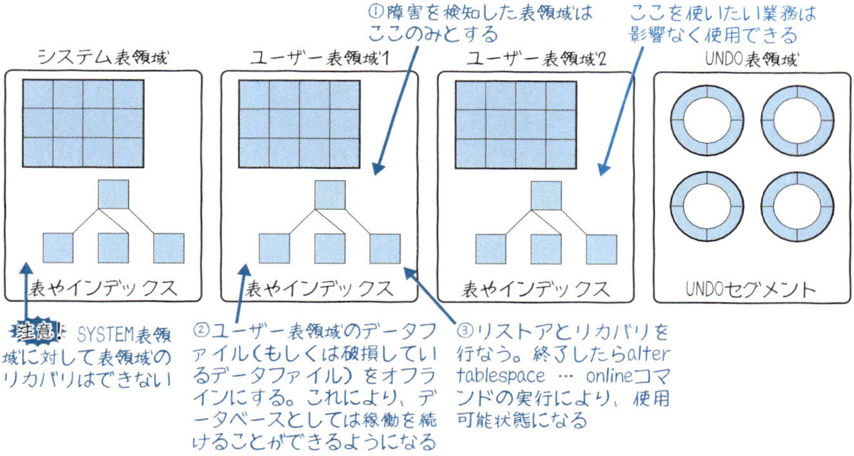

図10.6　データベースを稼働させながら破損箇所をリカバリする方法

10.7.3 制御ファイルのリカバリ

ここまではデータファイルが壊れた場合について解説してきましたが、制御ファイルが壊れるという障害もあります。

制御ファイルが壊れた場合には、まず、多重化してある制御ファイルの一部が壊れただけかどうかを確認します。通常、制御ファイルは多重化されているはずですから、そのうちの一部が壊れただけであればリストアせずに対応できます。そのためにはalert.logを見て、どの制御ファイルが壊れているのかを確認しましょう。まず、その制御ファイルを初期化パラメータの記述から外します（リスト10.2）。

リスト10.2　エラーになっている制御ファイルの指定を削除

```
control_files         = (/home1/XXXX/control01.ctl,
                          /home1/XXXX/control02.ctl,
                          /home1/XXXX/control03.ctl)
```

このファイルがエラーになっている場合には、このファイル指定を削除する

これでそのファイルを見に行かなくなりました。しかし、残りのファイルでエラーが出るかもしれません。起動を試みて、エラーが出ればファイルを外すという作業を繰り返します。もし、起動できた場合には、起動できたファイルをほかの起動できないファイルにコピーすることで解決します。しかし、すべての制御ファイルが壊れていた場合、制御ファイルを再作成するか、制御ファイルのバックアップをリストアしてから「RECOVER ... USING BACKUP CONTOROLFILE」を実行する必要があります。手順が複雑になるため、詳細はマニュアルやMOS（My Oracle Support）のドキュメントなどを参照してください。

前章と同様、リカバリは古いデータに対して、更新ログであるREDOログを適用してデータを最新の状態にすることが基本です。

COLUMN

アーカイブログはデフォルトで必須！

今でもノーアーカイブログモードで本番データベースを運用しているシステムの話を聞きます。多少面倒になりますが、必ずアーカイブログモードにしてください。本番環境はもちろん、「テスト環境であってもデータを失いたくない」という業務チームからの要望はけっこうあります。アーカイブログにする理由は次の通りです。

- ノーアーカイブログだとオンラインバックアップがとれない
- ノーアーカイブログだとメディアリカバリができないことがある。実質、クラッシュリカバリくらいしか対応できない
- ノーアーカイブログはいくつも制限があるため望ましくない

なお、アーカイブログにしていても、ノーロギング（nologging）でのオペレーションはリカバリできないため、日ごろの運用でも注意が必要です。ノーロギングは表やインデックスにnologgingを指定していたり、コマンドで明示している場合に行なわれます。

10.8 まとめ

この章では、次の内容を解説しました。

- コールドバックアップとオンラインバックアップの違いと注意点
- 完全回復／不完全回復の違いと注意点
- 表領域、データファイルのリカバリ
- 制御ファイルが壊れた場合の対応方法

バックアップ／リカバリが立派にできるようになれば脱初心者です。ぜひテスト環境を使用して、頭の中で動作をイメージしながらバックアップ／リカバリを実際に行なってみてください。

さて、本書は残り2つの章となりました。そろそろ仕上げ段階となります。次章では仕上げの一環として、バックグラウンドプロセスについて解説します。これまで主にサーバープロセスの動作を解説してきましたが、裏方のバックグラウンドプロセスの動きも知っておくべきだからです。

COLUMN

Oracleのパッチポリシー

パッチとは、ソフトウェアに機能を追加したり、不具合を修正するプログラムのことです。Oracle 12c R2以降では、3か月ごとにリリースアップデート（RU）およびリリースアップデートリビジョン（RUR）という2つのパッチ（図10.B）が定期的に提供されています（ただしWindowsを除く）。

○ RU

セキュリティ、オプティマイザの動作、機能追加に関連する修正が含まれる。累積型パッチで最新リリースを適用することで、それまでのすべての修正を行なうことができる。

○ RUR

RUを適用した環境にのみ適用可能な修正パッチ。同じ期にリリースされるRUと比較して、オプティマイザの動作、機能追加の修正は含まれず、セキュリティや軽微な不具合修正のみが含まれている。

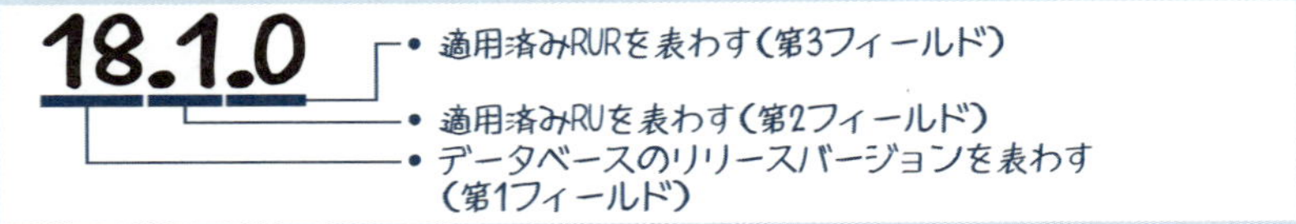

図10.B　データベースのバージョン表記

その期にリリースされたRUを適用するか、すでに適用済みのRUにRURを適用するか選択することができます（図10.C）。1つのRUに対して2期先までしかRURがリリースされないため、3期先の修正を含める場合はその期にリリースされたRUを適用する必要があります。

4半期ごとにRUに対応するRURが2期分までリリースされる

製品バージョン	1月（1期）	4月（2期）	7月（3期）	10月（4期）
18.1.0	RU1（18.2.0）	RUR（18.2.1）（RU1のみに適用可）	RUR（18.2.2）（RU1のみに適用可）	
		RU2（18.3.0）	RUR（18.3.1）（RU2のみに適用可）	RUR（18.3.2）（RU2のみに適用可）
			RU3（18.4.0）	RUR（18.4.1）（RU2のみに適用可）
				RU4（18.5）

新規のRUがリリースされるタイミングで
RU1へRURを適用することも可能だが、
より大きな修正が含まれるRU2を適用することも可能

図10.C　RUとRURのリリースタイミング

RUのほうが修正範囲が広いですが、大きい機能的な修正よりもセキュリティリスクを下げる修正を優先したい場合があります。そのような場合、RURを適用することを選択することが可能です。

一般的に最新のパッチ適用が推奨されますが、「システムが安定稼働しているため変更を加えたくない」といった理由でパッチ適用をしないケースもあります。最初から完璧なソフトウェアを作り上げることは難しいです。そのため、定期的にパッチを当ててより良いソフトウェアに修正していく必要があります。Oracleは日々進化していると言えますね。

第 11 章

バックグラウンドプロセスの動作と役割

この章では、バックグラウンドプロセスについて解説します。これまでは「裏方」として紹介していたため、バックグラウンドプロセスについてはあまり詳しく解説してきませんでした。しかし、裏方の仕事が滞ってしまえば、「表《おもて》」の仕事も進まなくなります。表に相当するサーバープロセスの解説はだいたい終わったため、裏方であるバックグラウンドプロセスについて見ていきましょう。

11.1 なぜ、バックグラウンドプロセスを学ぶのか？

現実の社会でも表の仕事と裏方の仕事があります。外から見ると、表ばかりが目立ちますが、実際には裏方の仕事がよくできている会社やお店がすばらしいと言われることが多いようです。少なくとも裏方がしっかりしていなければ、トラブルが起きたりして、表に迷惑をかけることになるでしょう。

Oracleにおいても、うまく動いているときはいいのですが、ひとたびトラブルが発生した場合にはバックグラウンドプロセスの動作の知識が必要になることがあります。また、裏方を理解しないと仕事全体を理解したことにはなりませんから、目立つサーバープロセスだけではなく、バックグラウンドプロセスも学んでおきましょう。

11.2 バックグラウンドプロセスとサーバープロセスの関係

11.2.1 バックグラウンドプロセスの動作

この章でもOracleを倉庫会社にたとえて解説します。Oracleクライアントが荷物を預けたり引き出したりする顧客で、サーバープロセスがその依頼を処理する社員と考えてください。ディスクが倉庫で、キャッシュが荷物を一時的に置いておく作業場です（図11.1）。

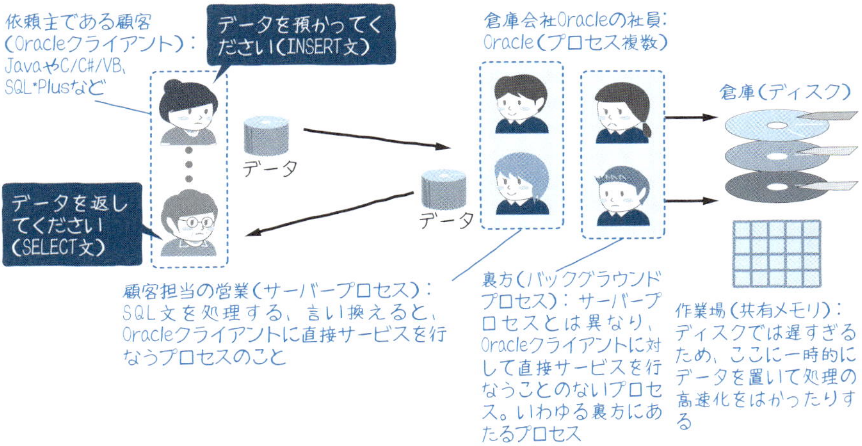

図11.1　倉庫会社Oracleのイメージ

リスト11.1は筆者のOracle 18c環境においてOracleのプロセスをpsコマンドを使って表示した結果です。「よくわからないプロセスがたくさんあるなぁ」と多くの方が思うかもしれません。よくわからないプロセスの多くは、バックグラウンドプロセスです。こんなに裏方が多く存在するのでは、肝心のサーバープロセスの処理が重くなってしまうのではないかと心配になるでしょう。

リスト11.1　Oracle 18cのプロセス一覧（psコマンドの結果）

右端の列がプログラムの名前やコマンドを表わす

```
$ ps -ef | grep _ORCL
oracle    5099     1  0 18:03 ?        00:00:00 ora_pmon_ORCL
oracle    5101     1  0 18:03 ?        00:00:00 ora_clmn_ORCL
oracle    5103     1  0 18:03 ?        00:00:00 ora_psp0_ORCL
oracle    5105     1  1 18:03 ?        00:00:05 ora_vktm_ORCL
oracle    5109     1  0 18:03 ?        00:00:00 ora_gen0_ORCL
oracle    5111     1  0 18:03 ?        00:00:00 ora_mman_ORCL
oracle    5115     1  0 18:03 ?        00:00:00 ora_gen1_ORCL
oracle    5118     1  0 18:03 ?        00:00:00 ora_diag_ORCL
oracle    5120     1  0 18:03 ?        00:00:00 ora_ofsd_ORCL
oracle    5123     1  0 18:03 ?        00:00:00 ora_dbrm_ORCL
oracle    5125     1  0 18:03 ?        00:00:00 ora_vkrm_ORCL
0racle    5126     1  0 18:03 ?        00:00:00 oracleora18c↵
                                       (DESCRIPTION=(LOCAL=YES)(ADRESS=↵
                                       (PROTOCOL=beq)))
oracle    5127     1  0 18:03 ?        00:00:00 ora_svcb_ORCL
oracle    5129     1  0 18:03 ?        00:00:00 ora_pman_ORCL
oracle    5131     1  0 18:03 ?        00:00:00 ora_dia0_ORCL
oracle    5133     1  0 18:03 ?        00:00:00 ora_dbw0_ORCL
oracle    5135     1  0 18:03 ?        00:00:00 ora_lgwr_ORCL
oracle    5137     1  0 18:03 ?        00:00:00 ora_ckpt_ORCL
oracle    5139     1  0 18:03 ?        00:00:00 ora_lg00_ORCL
oracle    5141     1  0 18:03 ?        00:00:00 ora_smon_ORCL
oracle    5143     1  0 18:03 ?        00:00:00 ora_lg01_ORCL
oracle    5145     1  0 18:03 ?        00:00:00 ora_smco_ORCL
oracle    5147     1  0 18:03 ?        00:00:00 ora_reco_ORCL
・・・・・・・
```

実は、基本的にすべての社員（プロセス）は眠っている状態です。正確に言うと、仕事がないときは眠っていて、仕事が来ると目が覚めて、仕事が終わるとまた眠るという動作をします。サーバープロセスは、仕事が来るまでは「SQL*Net message from client」で待機します。この間はOS上ではスリープしており、メッセージ（SQL文など）が届くと目を覚まして処理を開始します。このSQL処理の最中に、バックグラウンドプロセスへの依頼が必要になったとします。そのような場合にサーバープロセスは「処理が終わったら起こしてね」と言い、作業を依頼してから眠ります。依頼を受け取ったバックグラウンドプロセスも同様の動作で、受け取るまでは眠っていて（スリープ状態）、処理が終わると必要なサーバープロセスを起こし、自分はまた眠るのです（図11.2）。基本的にスリープ状態ではCPUを消費しません。そのため、プロセスの数はあまり問題ではないと言えます[※1]。

※1　OSがプロセスを管理するオーバーヘッドが気になる方もいると思いますが、この程度のプロセス数であれば問題がないとされています。なお、メモリについてはプロセス数が多いとそれだけ消費されてしまいます。また、v$session_wait上で「DIAG」というバックグラウンドプロセスがずっと処理を続けているように表示されることがありますが、実際には一時的に処理をした後はスリープしているため心配は不要です。

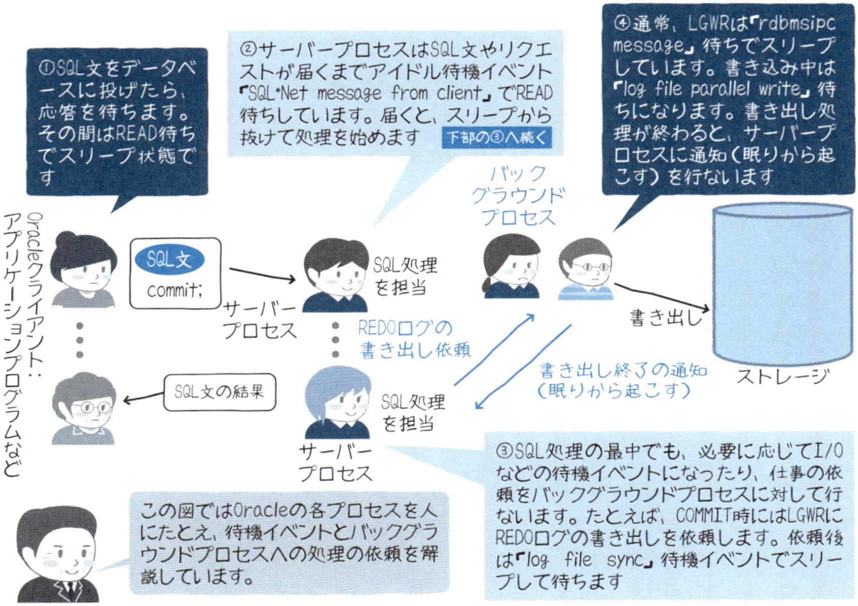

図11.2　待機イベントと処理の依頼

このようなスリープ状態が多いという状況は、Oracle以外のソフトウェアでも同様です。身の回りにある一般的なマシンにおいても、CPUは1つか2つでも、プロセスは数十から数百、起動していることが多いでしょう。ということは、ほとんどのプロセスはたいていの時間はスリープしていると言えます。たとえて言うと、給料（コスト）は、仕事場にいる時間（スリープも含む）に比例して支払われるわけではなく、仕事をした時間（スリープは含まない）に比例して支払われるということです。働いた時間に応じて給与が支払われる歩合制度というイメージでしょうか。

11.2.2 スリープと待機の関係

勘のするどい方は気づいたかもしれませんが、この「スリープしている状態」≒「(Oracleでいう）待機」なのです。たとえば「SQL*Net message from client」のときは、Oracleクライアントからの通信（メッセージ）を待っている状態（READ待ち）で、OS上ではスリープです。ディスクから読み込む待機イベント「db file sequential (scattered) read」のときも、ディスク読み込み待ちで、OS上ではスリープしています。以前紹介した「アイドル待機イベント」とは、この待機の中でもSQL処理に関係のない、文字通り「暇をしている」という待ちなのです。

ところで、いくつかのバックグラウンドプロセスは定期的に仕事をします。これはOSの目覚まし機能を使っています。数秒から数十秒、長いものは数時間といった時間ごとに目が覚める（タイムアウトする）ように設定されていて、目が覚めるたびに仕事をするのです。v$sessionを見れば、どれくらいアイドル待機イベントでスリープしているのかがわかります（リスト11.2）。これが秒数の大きい待機イベントが存在する理由です。バックグラウンドの待機イベントはリスト11.2からわかるように、有名なものでは「rdbms ipc message」「smon timer」「pmon timer」が挙げられます。

リスト11.2　v$sessionの結果

```
select sid,program,event,p1,p2,p3,state,seconds_in_wait from v$session;

SID PROGRAM                EVENT                                P1         P2    P3 STATE    SECONDS_IN_WAIT
--- ---------------------- ------------------------------ ---------- ---------- ----- -------- ----------------
  1 oracle@hostname(PMON)  pmon timer                           300          0     0 WAITING                1
  2 oracle@hostname(PSP0)  rdbms ipc message                    100          0     0 WAITING                0
  3 oracle@hostname(GEN0)  rdbms ipc message                    300          0     0 WAITING                0
  4 oracle@hostname(W004)  Space Manager:↵                        4          0     0 WAITING                0
                           slave idle wait
  5 oracle@hostname(SCMN)  watchdog main loop                     0          8     0 WAITING                1
  6 oracle@hostname(OFSD)  OFS idle                               0          0     0 WAITING                1
  7 oracle@hostname(DBRM)  rdbms ipc message                    300          0     0 WAITING                0
  8 oracle@hostname(SVCB)  wait for unread↵             2120470952 2120316704     0 WAITING                0
                           message on↵
                           broadcast channel
  9 oracle@hostname(DIA0)  DIAG idle wait                         3          1     0 WAITING                0
 10 oracle@hostname(LGWR)  rdbms ipc message                    300          0     0 WAITING                0
 11 oracle@hostname(LG00)  LGWR worker group idle                 0          0     0 WAITING                3
 ......
 53 sqlplus@hostname(TNS V1-v3) SQL*Net message↵        1650815232          1     0 WAITED SHORT TIME      0
                           to client
 ......
246 oracle@hostname(DBW0)  rdbms ipc message                    300          0     0 WAITING                2
247 oracle@hostname(CKPT)  rdbms ipc message                    300          0     0 WAITING                1
248 oracle@hostname(SMON)  smon timer                           300          0     0 WAITING              267
272 oracle@hostname(Q00C)  class slave wait                       0          0     0 WAITING              195
275 oracle@hostname(Q003)  class slave wait                       0          0     0 WAITING              223
276 oracle@hostname(Q00A)  class slave wait                       0          0     0 WAITING              223
277 oracle@hostname(Q00E)  class slave wait                       0          0     0 WAITING              167
278 oracle@hostname(Q00G)  class slave wait                       0          0     0 WAITING              195
279 oracle@hostname(Q00I)  class slave wait                       0          0     0 WAITING              223
280 oracle@hostname(Q00K)  class slave wait                       0          0     0 WAITING              223
281 oracle@hostname(Q00M)  class slave wait                       0          0     0 WAITING              223
288 oracle@hostname(QM03)  Streams AQ:↵                           0          0     0 WAITING               23
                           load balancer idle
```

このプロセス以外はすべて
バックグラウンドプロセス

何百秒もアイドルであるプロセスが
いくつも存在することがわかる

11.3 DBWR（DBライター）の動作と役割

ここからは1つずつバックグラウンドプロセスの動作を解説していきましょう。ただしその前に、DBWR、LGWR、ARCHという3つのバックグラウンドプロセスについて簡単におさらいしておきます。

DBWR（データベースライター）は、更新済みのデータをキャッシュからディスクに書き出す役割を持ちます。しかし、COMMITのタイミングで書き出すわけではありません。後からゆっくり行ないます。代わりに、LGWR（ログライター）というバックグラウンドプロセスが、COMMITのタイミングでREDOログ（データ更新情報）をディスクに書き出します（図11.3）。REDOログがディスクに書き出されていれば、万が一DBWRがデータをディスクに書き出していなくてもデータを復旧できます。LGWRはREDOログファイルにREDOログを書き出しますが、それをARCHというバックグラウンドプロセスがアーカイブREDOログファイルに書き出します。

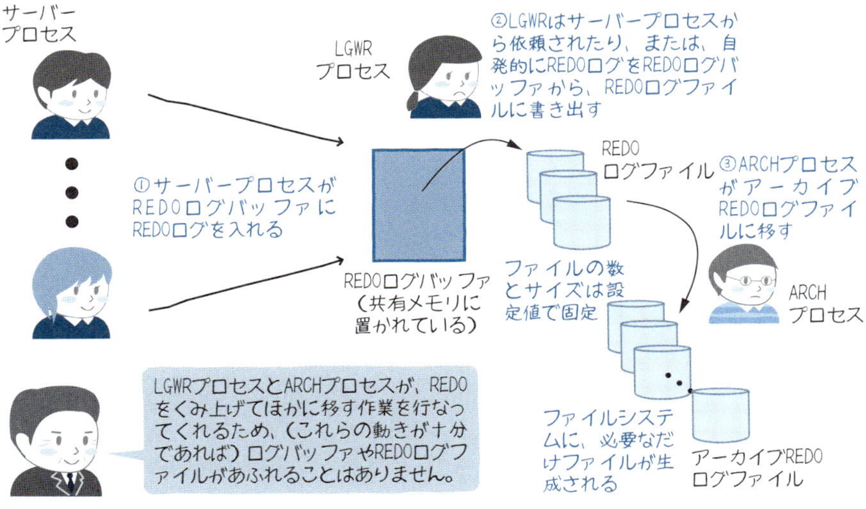

図11.3　LGWRとARCHの関係

11.3.1 どのようにI/Oをしているの？

まず、DBMSにとって重要な非同期I/Oについて簡単に紹介しますが、その前に同期I/Oについて解説します。

同期I/Oとはサーバープロセスが行なう「db file sequential read」のようなI/Oのことです。1つのI/Oが終了するまでは次の処理を行なえないという基本的なI/Oです。それに対して非同期I/Oとは、I/Oが終了する前に次の処理を実行できるI/Oのことです。非同期I/Oを使えば、多数のI/Oをほぼ同時に実行できるため（図11.4）、ディスクを遊ばせずに済みます。

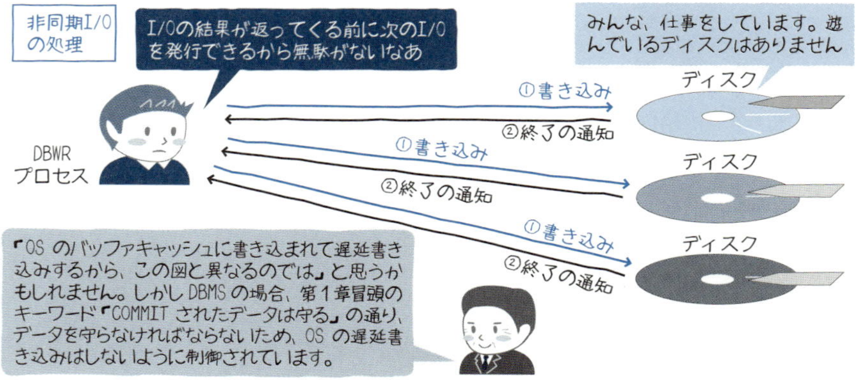

図11.4　非同期I/Oのメリット

この仕組みがないと、ディスクは余裕があるのに、なぜかI/Oボトルネックが発生するという事態になることがあります（図11.5）。しかし、非同期I/Oとはいえ、ディスクに負荷をかけすぎてはいけません。SQL処理のための読み込みが遅くなってしまうかもしれないからです。そこで、大きな負荷の場合、DBWRは負荷を集中させすぎないように、長時間にわたってできるだけ均一の負荷をかけるように動作します。Oracleを理解するためのキーワード「（SQL文の）レスポンスタイムを重視」を守るための非常によくできた仕組みと言えます。

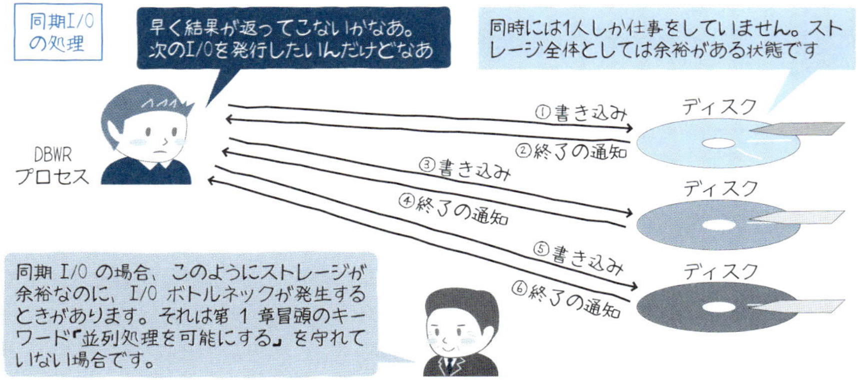

図11.5　ストレージ全体には余裕があってもI/Oボトルネックが発生

DBWRの待機イベント「rdbms ipc message」はアイドルであることを示し、「db file parallel write」は同時並行してデータをディスクに書き込んでいる最中という意味です（厳密には、書き込んでいる最中でもタイミングによってこの待機イベントが表示されないことがあります）。ただし、OSによっては非同期I/Oを使用するための条件があるため、実際には同期I/O（図11.5のような1つのI/Oが終わってから次のI/Oを処理する形態）になっている場合もあります。

11.3.2 DBWRの数がマシンによって異なるのはなぜ？

DBWRプロセスはOS上では「DBW*n*」という表記で出力されます（*n*には数字が入ります。p.194のリスト11.2のDBW0の箇所を参照）。これは、DBWRが複数起動されることがあるためで、プロセスが複数になるとDBW0、DBW1、DBW2、……と続きます。大規模なシステムやディスクへの書き込みが追いつかないような環境では、DBWRが複数起動されると性能が向上します。特に非同期I/Oが使えない環境では効果的です。多くのDBWR（DBW1やDBW2など）が並んで動作している様子は壮観ですらあります。ここでも「並列処理を可能にする」というキーワードが守られていることに気をつけてください。DBWRの数は、初期化パラメータ「DB_WRITER_PROCESSES」で調整できます。

11.3.3 DBWRがトラブルになるのはどんなとき？

トラブルになるのは性能不足のケースと、I/Oのハングや遅延によるケースが多いようです。たとえば、ディスクが性能限界になった場合などに、書き込みが追いつかないことがあります。そうするとサーバープロセスが使える空きバッファがなくなってしまい、サーバープロセスが「free buffer waits」で待機させられます（図11.6）。I/Oが一時的にハングしてしまうと、DBWRも一時的にハングしてしまいます。すると「free buffer waits」になったり、該当ブロックが使用中（この場合は書き込み中）である「write complete waits」や「buffer busy waits」によってサーバープロセスが待たされたりします。

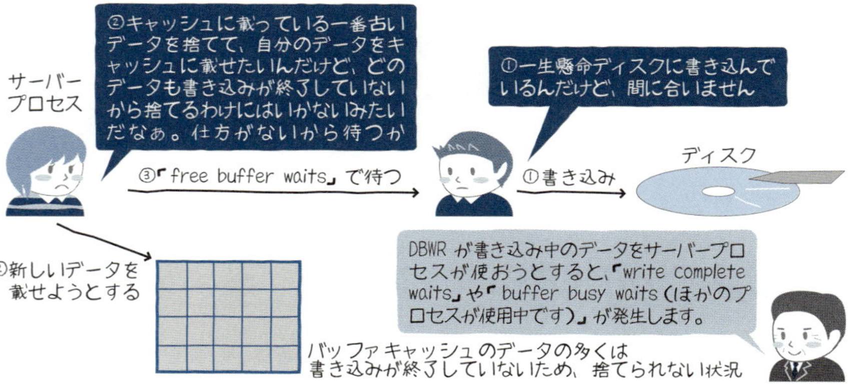

図11.6　DBWRのトラブル

11.4 LGWR（ログライター）の動作と役割

11.4.1 いつI/Oしているの？

リスト11.2のv$sessionの結果からもわかるように、LGWR（ログライター）は通常「rdbms ipc message」でスリープしています。すでに解説したように、LGWRはCOMMITのときにREDOログを書き出します。また、COMMITがなくても3秒に1回「rdbms ipc message」をタイムアウトしてログバッファのデータを書き出したりします。書き出す際にLGWRは「log file parallel write」で待機します。

「parallel」となっていることからもわかるように、可能であれば同時並行して書き込もうとします。なお、サーバープロセスが、LGWRによるREDOログの書き出しを待つ場合には、「log file sync」という待機イベントで待たされます。

11.4.2 LGWRがトラブルになるのはどんなとき？

性能が足りない場合やREDOログ生成量が多い場合、あるいはアーカイブ先のディスクがいっぱいの場合、ログバッファが小さい場合などにトラブルが起きます。

性能が足りない場合と書いていますが、第9章で解説したように、複数のREDOログ情報をまとめて1つの書き込みにできるため、そう簡単に性能不足にはなりません。筆者がよく聞くのは、アーカイブ先のディスクがいっぱいになっていることから起こるトラブルです。また、ログバッファが小さい場合は待機イベント「log buffer space」などで待たされることがあります。最近はメモリサイズが大きくなっているため、ログバッファを128M以上にするケースがあります。

11.5 SMON（エスモン）の動作と役割

SMON（エスモン、システムモニター）と呼ばれるバックグラウンドプロセスが存在しますが、これを一言で言うと「（主に）領域の掃除屋」です。表領域内で隣り合う空き領域をくっつけたり、12時間に1回UNDOの数やサイズを調整したり、途中終了してしまったトランザクションをロールバックしたり、一時セグメントを掃除したりします。通常は「smon timer」という待機イベントでスリープしています。

ほかには大きな特徴として、データベースが正常停止できなかった（マシンの停止、強制終了など）後の再起動時にインスタンスリカバリと呼ばれる処理を行ないます。Oracleは異常終了した場合、データの一貫性を保証できていない可能性がありますが、オンラインREDOログファイルとデータファイルを使用してこれらが一貫性のある状態になるようにします。

11.6 PMON（ピーモン）の動作と役割

PMON（ピーモン、プロセスモニター）と呼ばれるバックグラウンドプロセスが存在しますが、これを一言で言うと「（主に）メモリとプロセスの掃除屋」です。サーバープロセスが異常終了した場合に、PMONがメモリやプロセスの片付けをします。必要な場合にセッションやプロセスを掃除したり、内部ロックやメモリを持っていればそれを解放してあげるわけです。これをしないと、サーバープロセスが1つダウンするだけでインスタンス全体が止まってしまう恐れがあります。そのような意味で、非常に重要な仕事をしてくれるプロセスと言えるでしょう。

PMONは約1分間に1回、必要であれば掃除を行ないます。通常は「pmon timer」という待機イベントでスリープしています。

PMONはほかのプロセス達を監視してくれていますが、PMON本人が異常終了した場合はどうなるのでしょう？　答えはインスタンスが停止します。PMONに異変がある状態ではほかのプロセスの監視ができなくなり、データベース全体が不安定な状態になる可能性があります。最悪書き込んだはずのデータが反映されていない等の事態を避けるために、MMANプロセスがPMONの異変に気づき、インスタンスを停止するように命令を出します。

11.7 LREG（エルレグ）の動作と役割

LREG（エルレグ、リスナーレジスター）というプロセスは、インスタンスの情報、現在のプロセス数、インスタンスの負荷をリスナーに登録という仕事をします。Oracle 11gまではPMONがこの仕事をしていましたが、Oracle 12c以降はLREGという専用のプロセスに役割が引き継がれています。listener.oraファイルにインスタンスの情報を登録しなくても、リスナーがインスタンスの情報を知っていることがありますが、これはLREGがリスナーに登録しているからです（図11.7）。また、初期化パラメータで接続数の上限を設定した場合、リスナーが現在の接続数を知っているのはLREGが定期的にリスナーに教えているからです。

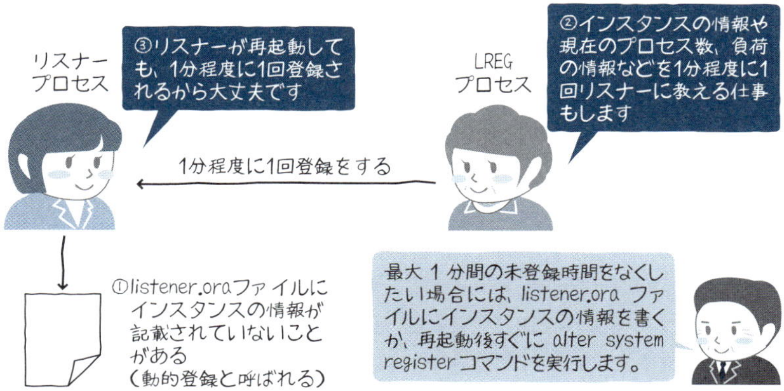

図11.7　LREGがリスナーに登録する

11.8 ARCH（アーカイバ）の動作と役割

ARCHプロセスは、OS上では「ARC*n*」という表記で出力されます（*n*には数字が入ります）。アーカイバプロセスは、REDOログファイルをアーカイブ（保管）するプロセスです（p.195の図11.3を参照）。保管されたREDOログファイルを、アーカイブREDOログファイルと言います。アーカイブログモード（REDOログをアーカイブしながら残すモード）のときは、アーカイブREDOログが作成されるまでは、REDOログファイルを再利用できません。そのため、動作が止まってしまうと大問題になる場合があるプロセスです。通常は「rdbms ipc message」という待機イベントでスリープしていますが、ログスイッチ（LGWRの書き出す先であるREDOログファイルを切り替える作業）が行なわれてアーカイブ作成の必要性が出てくると動き始めます。

ARCHプロセスはノーアーカイブログモードでは生成されず、アーカイブログモードの時のみ生成されます。プロセスは処理の負荷に応じて複数起動されますが、「LOG_ARCHIVE_MAX_PROCESSES」パラメータで最初に起動させるプロセスの数を制御できます。

ほかには、Data Guardというデータベースの複製／同期を行なう機能を使用する場合にも、ARCHプロセスが使用されます。Data Guardは複製元から複製先へ送信したREDOログを適用してデータを同期するというアーキテクチャです（図11.8）。REDO転送が間に合わない場合や、何らかの理由でREDOが転送できていない場合にはアーカイブREDOログを送ります（設定により異なりますが、REDOの情報はTMONやNSSといったプロセスが転送します。受け取りはRFSプロセスが担います）。その際、複製先への疎通確認とアーカイブREDOの転送といった仕事をするのがARCHです。当然、アーカイブREDOログの作成も並行して行ないます。

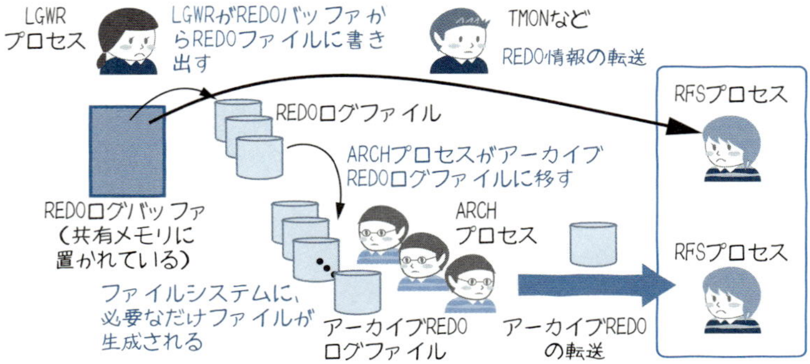

図11.8　ARCHプロセスの仕事（Data Guard使用時）

11.9 そのほかのバックグラウンドプロセス

11.9.1 CKPT（チェックポイント）

チェックポイント（バッファキャッシュの変更済みデータをデータファイルに反映させる作業）の際、データファイルのヘッダに管理情報を書き込むプロセスです。本当に裏方のプロセスであるため、筆者のようなOracleのコンサルタントであっても意識することが少ないプロセスの1つです。

このCKPTの際、データファイルに書き込めないことに気がつく場合があります。そのような場合には、データの整合性を守るため、Oracleはインスタンスをダウンさせたり、データファイルをオフラインにします。

11.9.2 そのほかのさまざまなプロセス

ここまでに紹介した以外にも多数のプロセスが存在しますが、ここでは主要なプロセスとその概要のみ紹介します（表11.1）。

Tips

UNIX上のOracleにログインできないときはどうする？

まれにOracleがハングして、管理者（例：SYSTEM）ユーザーでもログインできないことがあります。UNIX系のOSでそのような状態になった場合には、SYSDBAでつないでみてください。ログインできることがあります。

それでもログインできない場合、停止させる手段としてプロセスを1つずつKILLする方法が考えられますが、Oracleのプロセスが1000個や2000個もあった場合、大変な時間がかかってしまいます。そのようなとき、SMONなどのバックグラウンドプロセスをKILLすると早期にOracle自身がインスタンスを停止させるはずです。どうしようもなくなった場合や、障害テストの際に障害を再現させる方法として実行してみてください。

また、障害の監視の一環として、定期的にOracleにログインして死活監視をする（ログインできないことにより異常事態が発生したことを検知する）ツールやソフトがありますが、前述したように検知できない場合があるため、SYSDBAなどの特権ユーザーを利用した死活監視は避けてください。

表11.1　そのほかの主要なプロセス（プロセス名の「XXX」や「X」には数字が入ります）

プロセス	説明
S*XXX*	共有サーバープロセスです。共有サーバー構成（Oracleクライアントとサーバープロセスが1対1ではない構成）用のサーバープロセスです。
D*XXX*	ディスパッチャです。これも共有サーバー構成のためのプロセスです。Oracleクライアントからの要求を受け付けて、共有サーバープロセスにディスパッチする（割り振る）仕事をします。
J*XXX*	Oracleでいう「ジョブ」のためのプロセスです。ジョブコーディネータによって起動されます。
CJQ*X*	ジョブのコーディネータです。J*XXX*を増減させたりします。これもデフォルトで起動します。
P*XXX*	スレーブプロセスとも言います。パラレルクエリ（多量のデータを並列に処理して高速に結果を返す問合せ）のためのプロセスです。パラレルクエリの際には、複数のスレーブプロセスがサーバープロセスの手足となってデータの読み込みやソートなどを行ないます。なお、パラレルにすれば必ず速くなるわけではありません。
QMN*X* Q*XXX*	AQ（アドバンストキューイング：非同期なメッセージのやりとりの機能）のためのプロセスです。メッセージの管理や通知などを行ないます。
QMNC	同じくAQのためのプロセスです。コーディネータの役割を果たします。
MMAN	メモリマネージャプロセスです。SGA内のメモリの調整をしたりします。このプロセスはOracle 10gから存在し、デフォルトで起動します。
MMON MMNL M*XXX*	AWR（自動パフォーマンス統計）を収集／記録するためのプロセスです。Oracle 10g以降ではデフォルトで起動します。
LMS*X* LMD0 LCK*X* LMON DIAG	RAC（Real Application Clusters）用のプロセスです。RACとは複数のコンピュータでデータベース（データやロックも含む）を共有する構成のことです。LMS*X*はキャッシュフュージョン（コンピュータ間のデータのやりとり）を行なうプロセスです。DIAGは障害時の情報取得用のプロセスです。DIAGはv$session_waitで処理中となっていても、実際にはスリープしていることもあるため、誤解しないように注意が必要です。バージョンにも依存しますが、そのほかのプロセスはコンピュータ間のロックなどを扱うプロセスです。なお、RACではない環境でも間違ってRACをインストールしてしまうと、これらのプロセスが起動します。
RECO	分散トランザクションの解決を行なうプロセスです。分散トランザクションとは複数のデータベースにまたがるトランザクションのことです。ただし、分散トランザクションをしていなければ意識する必要はありません。

11.10 まとめ

これまで本書ではサーバープロセスの話ばかりしてきましたが、このように多数の裏方が存在してはじめて仕事ができているということを理解できたでしょうか。主なバックグラウンドプロセスを表わした図11.9で、それぞれの動作イメージを確認してください。

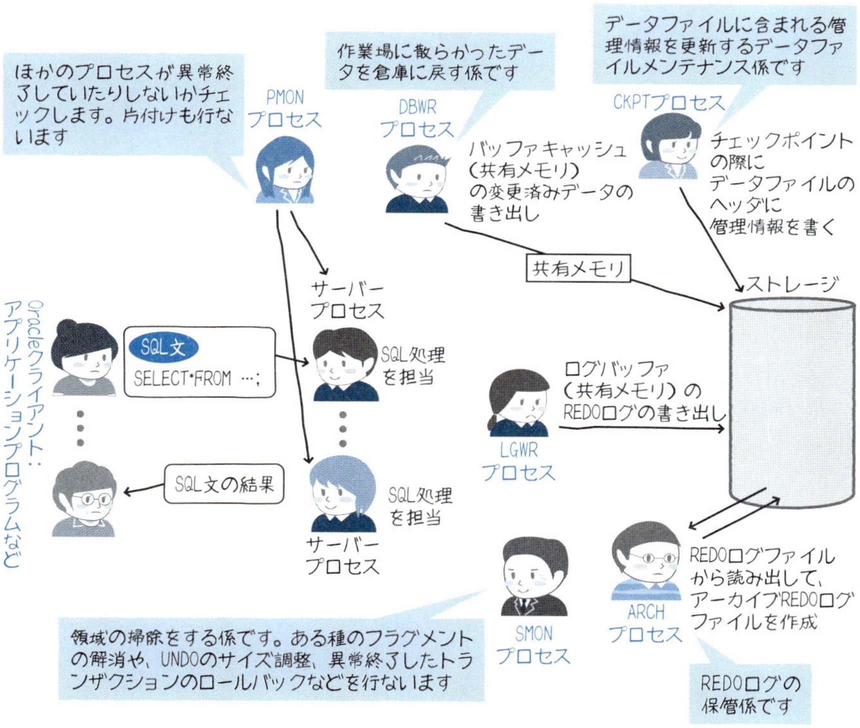

図11.9　主要なバックグラウンドプロセスとサーバープロセスの関係

さて、次はいよいよ最終章です。次章ではこれまでの章全体のまとめ、および応用力を鍛えるために、筆者から問題を出します。もちろん、解答と解説も載せるため、その場で確認できます。お楽しみに！

第12章

Oracleのアーキテクチャや動作に関するQ＆A

いよいよ本書のまとめです。まとめといっても単なるおさらいではなく、せっかくOracleのアーキテクチャや動きについて学んできたのですから、筆者からの質問を考えていただく形で「これまでの章の知識がこのように応用できる」ということに気づいていただきたいと思います。多少難しいかもしれませんが、想像力を働かせて考えてみてください。

12.1 これまでのおさらい

Q＆Aに進む前に、必要な知識のおさらいをしておきましょう。

ディスクアクセスは「頭出し」に相当するオーバーヘッド部分が多くを占めていて、メモリアクセスに比べて非常に遅いと言えます（図12.1）。

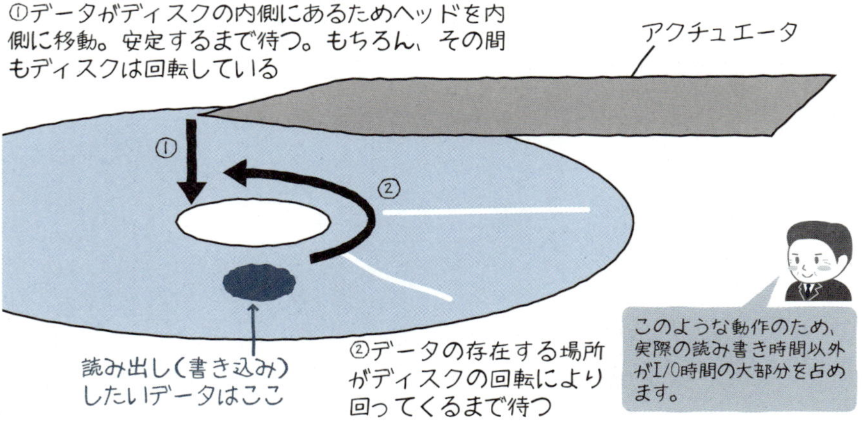

図12.1　ディスクのI/O処理に必要な動作

SQL処理のためのディスクからの読み出しはともかく、キャッシュからディスクにデータを書き出させることをサーバープロセスに担当させてしまうと、SQL文のレスポンスが落ちてしまうため好ましくありません。このように、いくつかの仕事はサーバープロセス以外のバックグラウンドプロセス（いわゆる裏方）[※1]が担当します（図12.2）。図12.2からわかるように、原則的な各プロセスの役割分担は、SQL文の結果を返すために必要な作業はサーバープロセスが行ない、それ以外はバックグラウンドプロセスが行なうという形になっています。

※1　Windows上のOracleの場合、プロセスではなくスレッドで構成されています。そのため、以後、「プロセス」は「スレッド」に置き換えて読んでください。

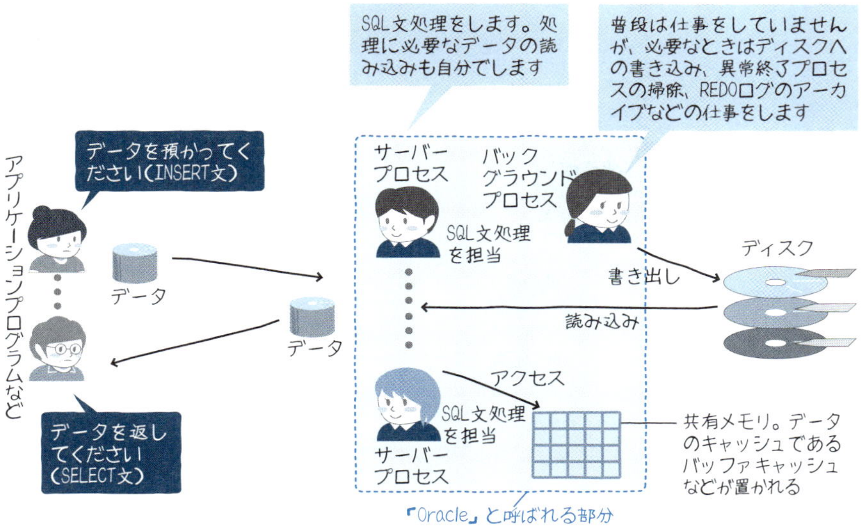

図12.2　サーバープロセス、バックグラウンドプロセス、共有メモリの関係

Oracleには「待機イベント」という概念があります。待機イベントというと悪いイメージがありますが、実は「待機」とは待っているということを表わしているにすぎません。また待機イベントとは、大ざっぱに言うと「待っている出来事」になります。待ちによってSQL文の処理が遅くなることも多くありますが、実は待機には次の3つがあります（図12.3）。

- 処理がないために暇をしている待機
- 理由があって仕方のない待機
- 異常事態などの、SQL文処理を待たせる余計な待機

暇をしている待機を「アイドル（idle）」と言い、ディスクI/O待ちなどの待機を「アイドルではない待機イベント」と呼びます。SQL文の処理のチューニングという観点からは、「アイドルではない待機イベント＋SQL文処理のCPU時間」が、おおよそのSQL文の処理時間となります。

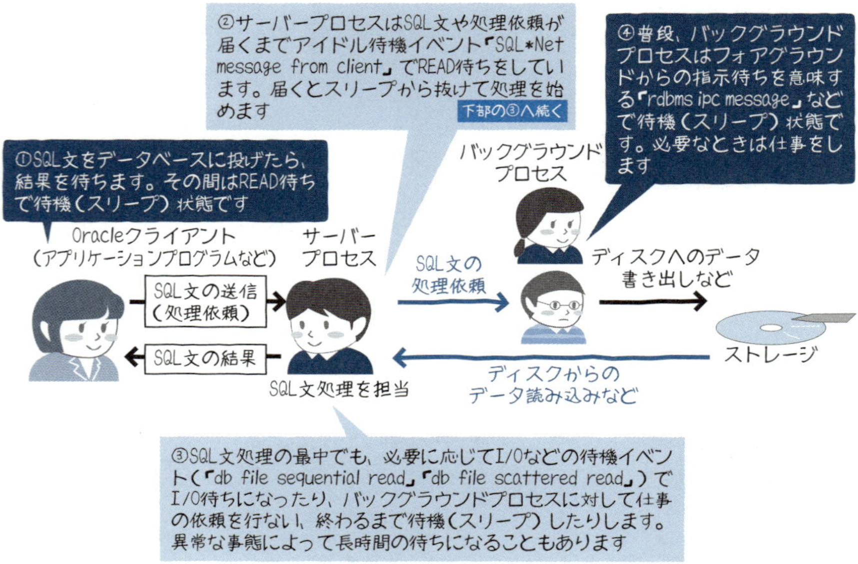

図12.3　待機イベント

アイドルではない待機イベントの中で有名なものは、ロックでしょう。ロックの本質は「多重処理を実現するために、処理の保護を実装すること」にあります。そのため、ロックをかけている時間を短くするか、ロックをかけているプロセスの処理が進まない理由を調査し、原因を取り除く必要があります（図12.4）。このように、待機の一般的な改善方法は、待機させている原因を取り除くか、ロックを獲得しに行く回数を減らしてトータル時間を減らすという考え方をします。

なお、ロック待ちが多いからといって、セッション数を減らすようなチューニングは意味のないことが多いです。セッション数を減らしても、「待ち行列ができる場所がロック待ちではなく、別のところになるだけ」であることが多いためです。

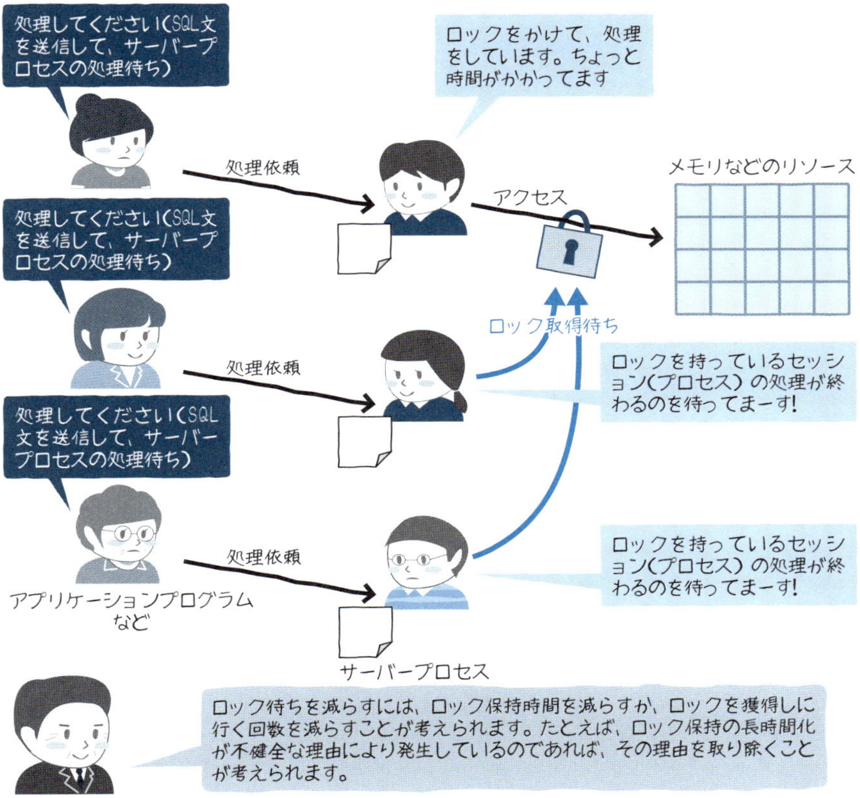

図12.4　ロック待ちの時間を減らすには?

12.2 Oracleの動作に関する質問

いよいよ筆者からの質問です。1つずつ答えを考えてから、解説を見るようにしてください。

Q1. I/Oの遅延が発生するとOracleはどうなる？

一般的なOLTP系システムにおいて、I/Oに遅延が発生したと仮定します。Oracleはどのような状況になり、どのような動作をすると思いますか？　そして、それはどのように調査するべきでしょうか？　可能であれば、バッチ系システムの場合も考えてみてください。

ヒント 図12.3を見ながら考えてみてください。

Q2. ネットワークで遅延が発生するとOracleはどうなる？

一般的なOLTP系システムにおいて、ネットワークのどこかで遅延が発生したと仮定します。Oracleはどのような状況になり、どのような動作をすると思いますか？　調査方法も合わせて考えてください。

ヒント 図12.3を見ながら考えてみてください。

Q3. OSで遅延が発生するとOracleはどうなる？

一般的なOLTP系システムにおいて、OSのどこかで遅延（たとえばCPU不足）が発生したと仮定します。Oracleはどのような動作をすると思いますか？　そして、それはどのように調査するべきでしょうか？

ヒント 図12.3を見ながら考えてみてください。

Q4. テストでOracleに過負荷をかけるとどうなる？

カットオーバー直前のOLTP系システムがあるとします。テストシナリオを作成して、パフォーマンステストをしました。ところがツールの関係上、想定しているよりも高い頻度でSQL文処理の要求がありました。そのような場合に、Oracleはどのような動作をするでしょうか？　また、それはどのように調査するべきだと思いますか？

Q5. 待機イベントが多く、CPUの使用率が高いという状況が発生した理由は？

OLTP系システムにおいて、待機イベントが多く、CPU使用率が高い現象が発生したとします。なぜ、このようなことが発生したのでしょうか？　その理由を考えてみてください。

ヒント　通常はどちらかの現象が、もう一方の現象を引き起こしたと考えられます。図12.4も参考にしてください。

12.3 監視／運用に関する質問

Q6. パフォーマンストラブル発生時にOracleの状態（概要）を確認するには？

パフォーマンストラブルが発生している、もしくはその疑いがある場合、みなさんはどのようにOracleの状態を確認していますか？　適切な状態確認を行なうことができている現場は、もしかしたら少ないのかもしれません。

これまで解説した通常時のOracleの動作や、トラブル時のOracleの動作を考えて、効果的な確認方法を考えてみてください。なお、エラーが発生するトラブルについては対象外とします。このようなトラブルはalert.logファイルのエラーやOracleクライアントのエラーを確認すれば調べられます。

ヒント 待ち行列の特徴をうまく使ってみてください。

Q7. パフォーマンストラブルの監視や情報取得を効果的に行なうには？

パフォーマンストラブルを検知する、もしくはトラブルの事後分析をする場合、みなさんはどのように行なっていますか？　トラブルの検知は市販のツールか、もしくはアプリケーションやユーザーからの連絡頼みではないでしょうか。そして分析は、alert.logやAWR（Automatic Workload Repository：自動ワークロードリポジトリ）、Statspackなどが頼りではないでしょうか。

これまでに解説した通常時のOracleの動作や、パフォーマンストラブル時のOracleの動作を考えて、より効果的な監視方法、分析に備えて普段から取得するべき情報を考えてみてください。

ヒント 待ち行列の特徴をうまく使ってみてください。

12.4 解答と解説 Oracleの動作に関する質問

解答/解説 Q1. I/Oの遅延が発生するとOracleはどうなる？

まず、I/Oが発生する一般的なOLTP系システムの通常時の動作や状態をイメージしましょう。I/Oが発生しつつ、処理が行なわれているという動作です（図12.5）。

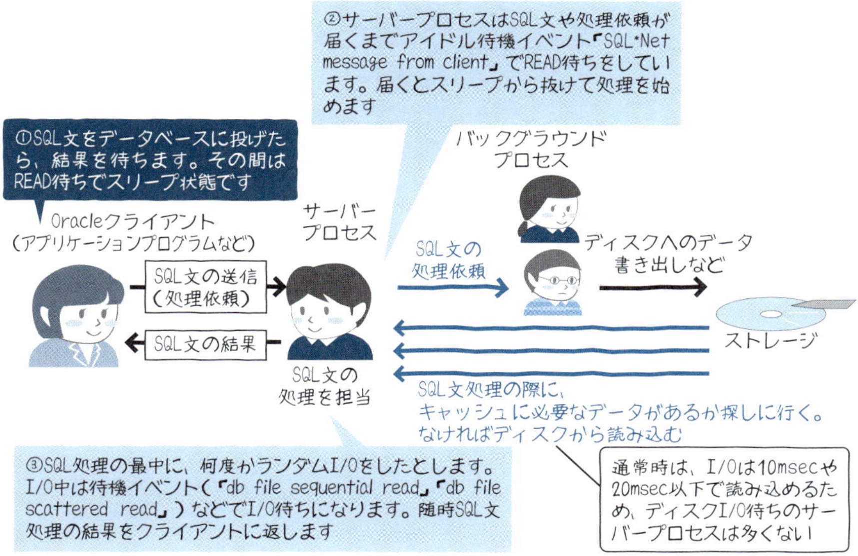

図12.5 I/Oが発生するOLTP系のSQL文処理のイメージ（通常時）

図12.5の中のそれほど多くない数のセッションがI/O中の状態でしょう。ここで、I/Oの遅延が発生したとします。Oracleから見たI/Oが遅延しますから、Oracleの処理も遅延します。たとえるなら、銀行の窓口の処理（I/O処理）が遅くなった状態です。普段と同じくらいのお客の数でも、のろのろと処理をされたら利用者（Oracle）の待ち行列ができてしまうことが想像できるでしょう。

OLTP系システムの場合、Oracleにも待ち行列が作られます。それは暇（アイドル）ではないセッション数（特にI/O待ち）という形で現われます（図12.6）。Oracleのプロセスが行列待ちしているイメージです。

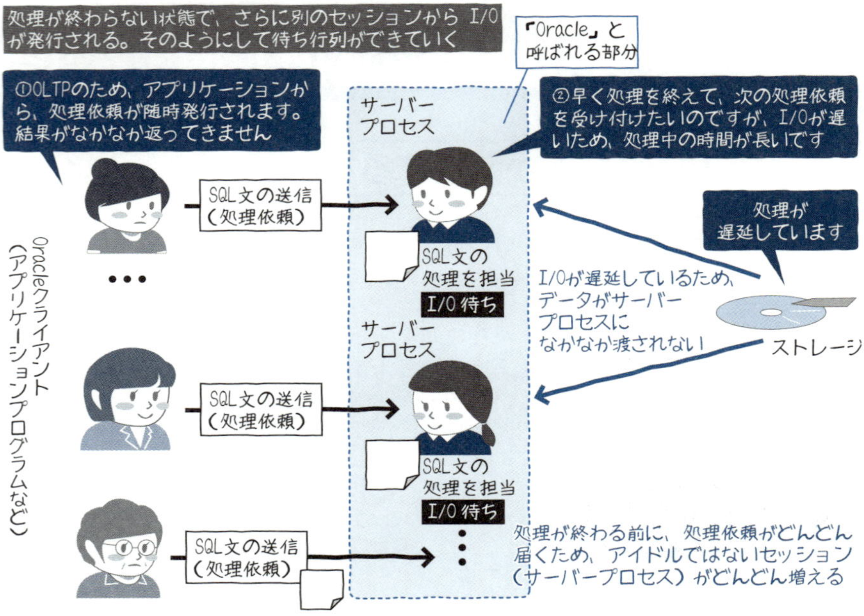

図12.6　I/O遅延のときのOLTP系のSQL文処理のイメージ

調査方法としては、OracleのAWR、StatspackやOSのI/O情報に表示される1つのI/Oの時間、v$session_waitで見られるI/O関連の待機イベントの数、UNIX系の場合はvmstatなどのb列（≒ディスクI/O待ちのプロセス数）を調べると良いでしょう。ただし、DBWRやLGWRのI/O遅延は、このようなI/O待ちの行列になりません。サーバープロセスがDBWRやLGWRのI/O処理を待つ、サーバープロセスの待機イベント（例：log file sync）の大量発生として表示されます。

◉バッチ系システムでI/O遅延を調べるには？

バッチ系システムは、OLTP系と動作が異なります。理由は、並ぶ処理依頼の数が限られるためです。たとえるなら、大量の処理を依頼する少数のお客のみを相手にする銀行というイメージです。窓口とお客が1対1で対応して、処理が遅延しても待ち行列ができない状態を想像してください（図12.7）。しかし、窓口の処理が遅れれば、お客の処理が終わる時間も遅くなります。調査方法としては、OracleのAWR、StatspackやOSのI/O情報に表示される1 I/Oの時間を調べると良いでしょう。待ち行列が作られないため、v$session_waitの待機イベントの量を調べたり、vmstatなどのb列を調べるといった方法ではわかりにくいと言えます。

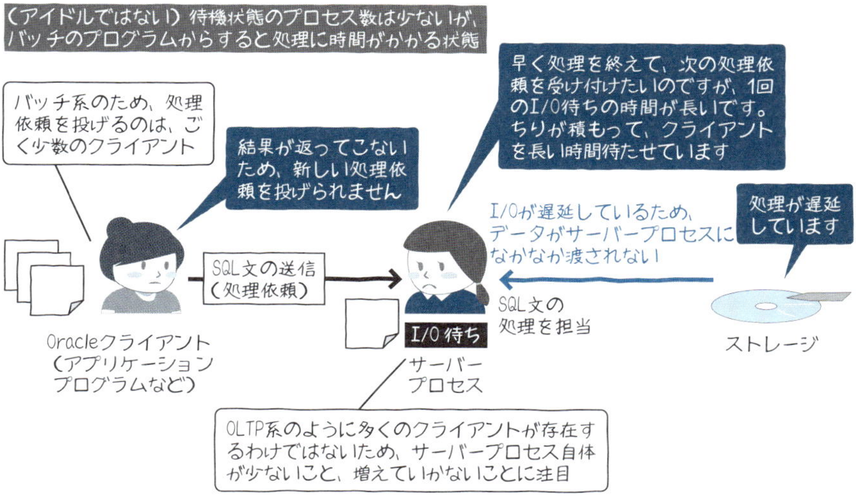

図12.7　I/O遅延のときのバッチ系SQL文処理のイメージ

◉I/O関連の待機イベントはどのようなものがある？

I/O関連の待機イベントとしては、「db file sequential read（シングルブロック読み込み）」や「db file scattered read（連続ブロックの読み込み）」以外にも多くあります。たとえば、「read by other session（ほかのセッションが読み込み中であるため待機）」や「write complete waits（書き込みしているのを待機）」や「buffer busy waits（ブロック使用中）」の一部のケース、「free buffer waits（空きバッファが足りない）」の多くのケース、「log file sync（REDOログ書き出し待ち）」の多くのケースがI/O関連での待ちです。

解答／解説　Q2. ネットワークで遅延が発生するとOracleはどうなる？

まず、一般的なOLTP系システムにおける通常時の動作をイメージしましょう。大ざっぱに言うと、ネットワークを経由して処理依頼がクライアントからサーバープロセスに届き、処理をして、結果などをクライアントに返すイメージです（図12.8）。

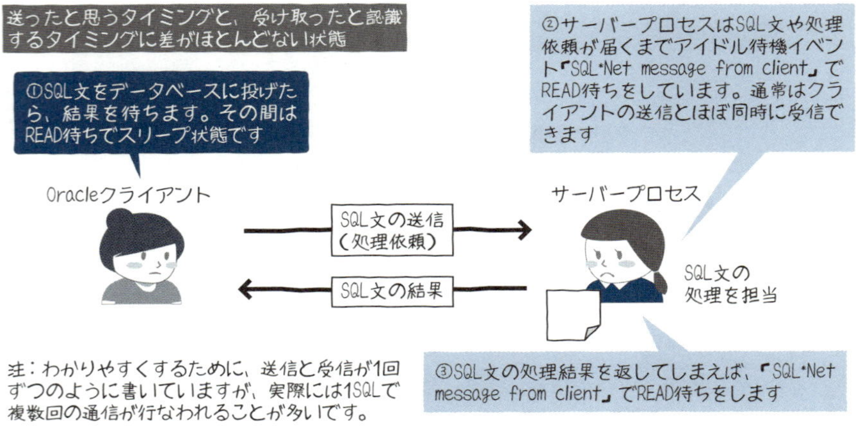

図12.8　ネットワークに遅延がないとき（通常時）の状態

ネットワークに遅延が発生して処理依頼が届かない場合は、Oracleからすると処理するものがないだけのように見えます（図12.9）。調査方法としては、「アプリケーションから見ると処理依頼は発行済み。でも、v$sessionを使ってOracleを見ると処理依頼が届いていない」という状況を確認するか、パケットキャプチャツールを使用して、パケットの行き来を見る方法が筆者のおすすめです。なお、パケットキャプチャツールを使用する際は、OSやネットワークに負荷をかけないように気をつけてください。

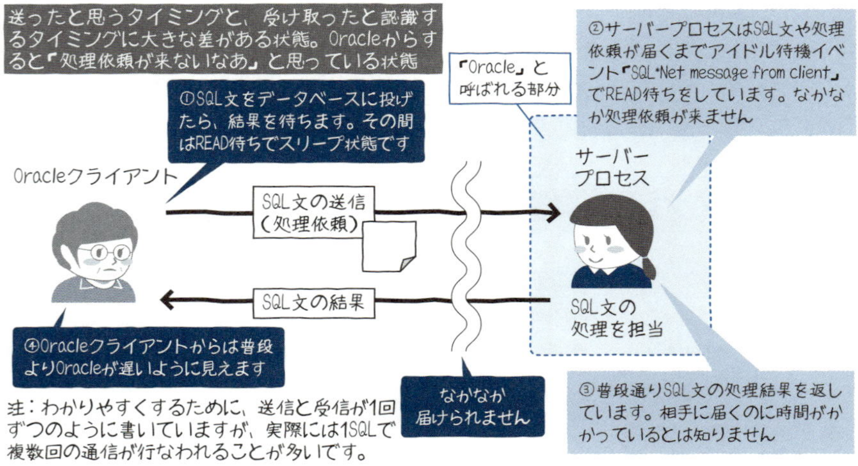

図12.9　ネットワークに遅延があるときの状態

解答／解説 Q3. OSで遅延が発生するとOracleはどうなる？

一般的なOLTP系システムでOSのどこかで遅延（たとえばCPU不足）が発生すると、処理全体が遅延します。基本的に処理のいたるところが遅くなるため、いきなり“コマ送りに”なったような状態と言えるでしょう（図12.10）。OLTP系システムでは、当然待ち行列が発生します。しかし、どこに待ち行列ができるかは決まっていません。事例的には、「latch free」というOracle内部のロックを待つ待機イベントの形で現われることが多いようです。

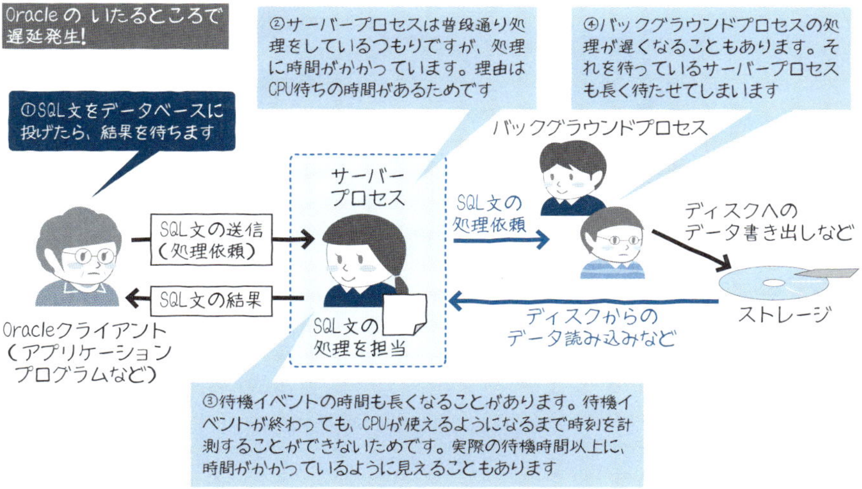

図12.10 OSのどこかで遅延が発生した状態（例：CPU不足）

この状況を調査するには、OS側の情報を使って調べる方法がおすすめです。UNIXであればvmstatやsar[※2]などが使えますし、Windowsであればパフォーマンスコンソールなどが使えるでしょう。

解答／解説 Q4. テストでOracleに過負荷をかけるとどうなる？

過負荷になる前であれば、Oracle内に不自然な待ちはなく、届いたSQL文をほぼ即時に処理して返すという状態になっているはずです。これまでの解説からわかるように、過負荷になれば主にOracle内に待ち行列ができて、アプリケーションから見たレスポンスが悪化します（図12.11）。

※2 vmstatとsarは、CPUの使用率などを調査できるツール。ただし、調査できる項目が異なります。

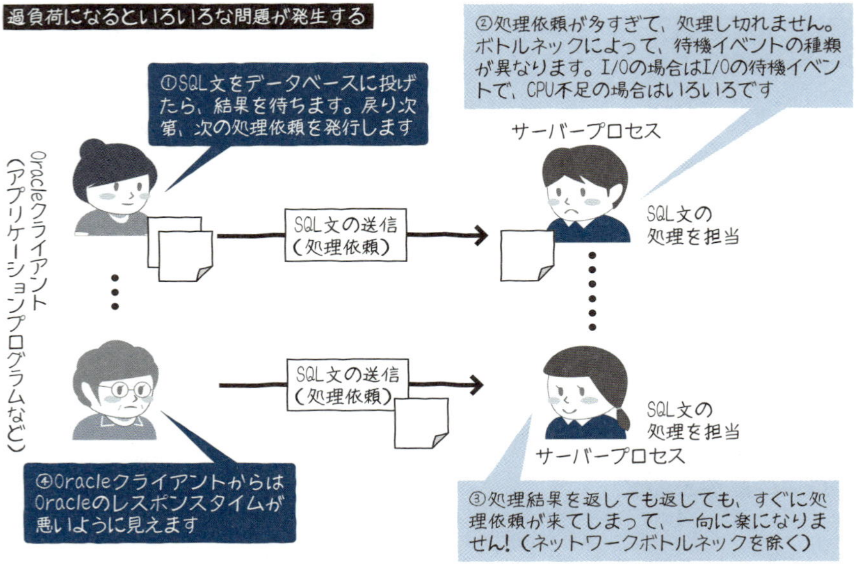

図12.11　過負荷をかけた場合の動作

調査方法としては、まずOSの情報、I/Oの情報、v$session_waitなどから、待ち行列ができていないことを確認する方法が考えられます。もしくは、接続数を絞るなどの方法により可能であれば負荷を下げてみて、各処理にかかる時間の変化を調べるといった方法もあるでしょう。これは過負荷状態が解消されれば、待ち行列による余計な時間がなくなるはずだからです。処理時間が短くなったら、過負荷が原因だった可能性が高いと言えます。

解答／解説　Q5. 待機イベントが多く、CPUの使用率が高いという状況が発生した理由は？

OLTP系システムでは本番環境か開発中かにかかわらず、待機イベントが多くなり、CPU使用率が高くなるという現象が発生することがあります。よく聞かれるのが、「待機イベントが多いからCPUを消費しているのではないか？」という質問です。

前章でも解説したように、基本的に待機イベントはOS上ではスリープ状態です。ということは、待機イベントが原因で、CPU使用率が高騰することは少ないと言えます。逆に、CPU不足の状態になれば、不自然な待ちが発生しますから、待機イベントの時間は大きくなります。図12.4で解説したように、ロック待ちの時間を短くするには、ロックをかけている処理をいかに早く終わらせるかが大切ですが、CPU不足の場合には処理時間が長くなり、ロック待ちの時間を長くしてしまうこともあります。そのため、まずは負荷を下げることを検討すべきでしょう。

ただし、「なぜ、多量にCPUを消費するのか？」という線でOracleを調べたほうが良い場合もあります（図12.12）。しかし、これも多くの場合、単に処理が重いから（もしくは多いから）というケースが多いようです。

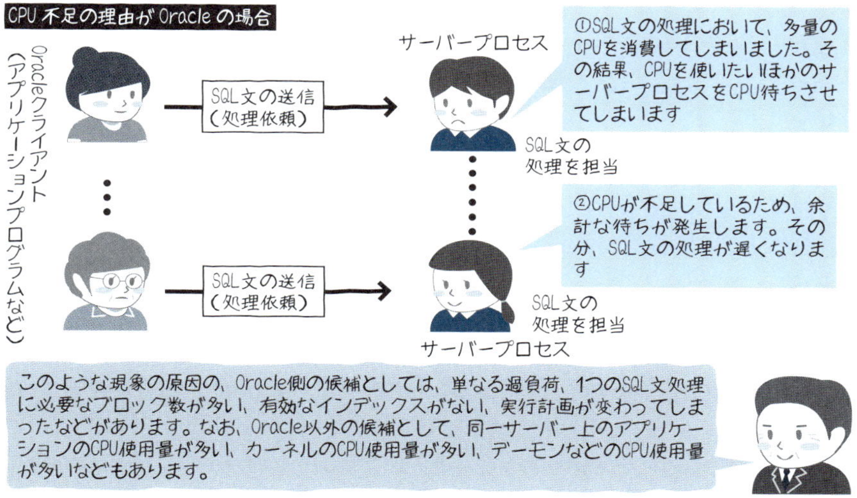

図12.12　OracleがCPUを多量に消費し、その結果、待機イベントの時間が長くなることもある

12.5 解答と解説 監視／運用に関する質問

解答／解説 Q6. パフォーマンストラブル発生時にOracleの状態（概要）を確認するには？

「OracleのEnterprise Managerや市販のツールを使えばいい」という考えもありますが、ここではOracleの状態を知るために必要な仕組みを考えてみましょう。

OLTP系システムにおけるパフォーマンストラブルを考えてみます。まず、処理ができているのか（処理量、スループット）を調べましょう。さらに、待ちがないのか（レスポンス）も調べてください。v$sysstatに「execute count」という統計名でSQL文の実行数（Oracle起動後の累積値）が載っているため、これを定期的に調べることで処理量がわかります。

また、v$session_waitによって、待ちが多いのか少ないのかがわかります。OLTP系システムにおけるv$session_waitの主な見方は、次の通りです。

- スループットが少なくて、待ちが多いのであれば、その待ちが遅延の原因である可能性が高い（例：図12.6の状態）
- スループットが少なくて、待ちがほとんどないのであれば、Oracleまで処理依頼が来ていない可能性が高い（アプリケーションやネットワークの遅延の可能性がある（例：図12.9の状態）
- 待ちは多少多いが、スループットも比例して大きいのであれば、処理量が多いだけの可能性が高い

次に、バッチ系システムなどのパフォーマンストラブルについて考えてみましょう。バッチ系システムでは、スループットもあてになりませんし、待機の量もあてになりません。残念ながら、個々のバッチ処理で終了予定時間を過ぎても処理が終わらない場合に、その時間を計測するということしか一般的な手段はないと筆者は考えます。

解答／解説 Q7. パフォーマンストラブルの監視や情報取得を効果的に行なうには？

ここからは筆者の考えもあるため、世間一般の常識とは異なる面もあります。参考程度に捉えてください。

パフォーマンストラブルを監視するには、アプリケーション側でのDBMSのレスポ

ンスタイムを計りましょう（図12.13）。これにより、一定時間経ってもレスポンスが返ってこない場合は遅延が起きていると判断できます。遅延している可能性のある対象を外側から監視する方法であるため、一番確実だと言えます。

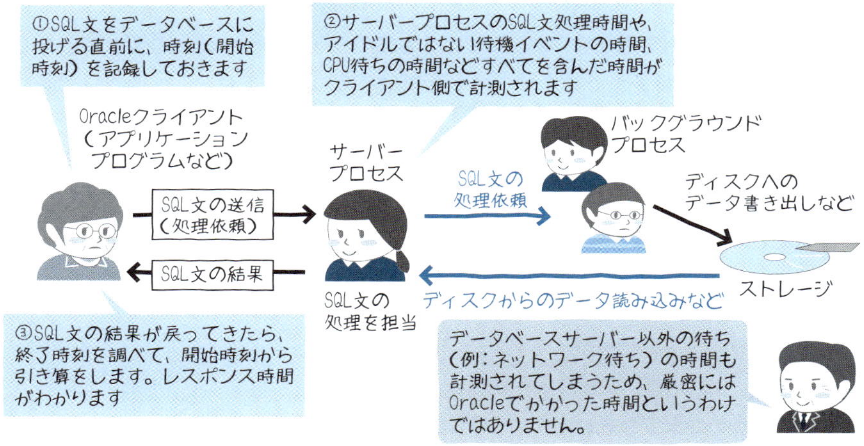

図12.13　Oracleの外からOracleのレスポンスを監視する

しかし、現実にはアプリケーション側で監視していないことが大多数でしょう。OLTP系システムでは、Oracleの遅延時に発生する待機イベントの量を見る方法も代替案となります。v$session_waitやv$sessionなどで待機中のセッションの量を定期的に確認し、しきい値を超えたら通知する仕組みが考えられます。

分析という意味では、StatspackやAWRを使用するのも良いでしょう。なお、SQLトレースは重いため、常時取得するツールとしては筆者はおすすめしません。筆者が頻繁に使用しているのは、v$session、v$session_wait、v$sysstatです。v$sessionやv$session_waitは「そのときの状態」を知ることができますし、v$sysstatは処理量などの詳細もわかります[※3]。

※3　パフォーマンス分析方法の詳細は『新・門外不出のOracle現場ワザ エキスパートが明かす運用・管理の極意』（翔泳社、2012）の第1章で詳しく解説しているため、ぜひご参照ください。

12.6 まとめ

Oracleも、OS上で動くアプリケーションにすぎません。そのため、本書からわかるように、OS、I/O、ネットワークといったものの影響を強く受けます。特に、処理が多いシステムでは顕著です。そんなときでもアーキテクチャと動作を知っていれば、どんな動作をするか予想できます。丸暗記ではこうはいきません。「Oracleが遅いからOracleに原因がある」や「Oracleでエラーが出ているからOracleに原因がある」と単純に考えず、Oracleも含めたシステム全体として、アーキテクチャや動作を考えてください。

難しいトラブルが発生した場合は（エラーが出ているような障害であっても）、

- Oracleの動作はどうだったのか
- その原因はOracleなのか
- それともOSやI/O、アプリケーションなのか
- それらがそのような動作をした原因は何か

といったことを調べ、必要であれば再びOracleを調べるということを繰り返さなければならない場合もあります。

COLUMN

よく見る待機イベント

すでに本文中で紹介しているものもありますが、ここでは比較的よく見かける待機イベントをご紹介します。待機イベントは多岐に渡るためすべてを覚えておく必要はありませんが、今データベースで何が起きているかのヒントになるので、実際の運用で頻繁に見かける待機イベントはぜひ調べてみてください。

○direct path read/write

バッファキャッシュを経由せず、サーバプロセスのPGA領域へのI/Oで発生する待機イベント。ほかのサーバープロセスは読み込んだデータを参照できませんが、バッファキャッシュをバイパスするため高速です。

○direct path read/write temp

バッファキャッシュを経由せず、サーバプロセスのPGA領域へのアクセスを行なうI/Oのうち、一時表領域のアクセスが発生した場合の待機イベント。ソート処理などをPGA（メモリ上）のソート領域だけでは行ないきれず、一時表領域（ディスク）でも行なう場合に発生します。SQL文での絞り込みでソート対象のデータ量を減らす、PGAのソート領域のサイズを大きくするなどの対応が考えられます。

○log file sync

LGWRが共有メモリ上のREDOログファイルをディスク上のREDOログファイルに書き出す際の待機イベント。必要な待機イベントのため、通常は許容範囲内であればチューニングは行ないません。

○enq: TX - <待機理由>　ex)enq: TX - row lock contention

表の単一の行に対する行ロックを示す待機イベント。たとえば、「enq: TX - row lock contention」はほかのセッションから同時に同じデータが修正されることを防止するために発生します。そのため、アプリケーション側のロジックの見直し（同時更新が起こらないようにする、COMMIT回数を増やすことを検討するなど）が必要になります。

COLUMN

OracleとAI？

「人工知能（Artificial Intelligence：AI）による業務効率化」「AIが仕事を奪う」など、AIという言葉を目にする機会が増えています。AIはもともと、「人間の知能をコンピュータで模倣する」ことを目指したものですが、それを実現するための1つのアプローチが機械学習であり、Oracleでも機械学習が使われ始めています。それがSelf-Driving（自動稼働）、Self-Securing（自動保護）、Self-Repairing（自動復旧）の機能を備えた自律型データベース「Oracle Autonomous Database」です。

運用管理を自動化し、データベースチューニングなしでパフォーマンスを実現することをコンセプトに作られた製品ですが、これを実現するために機械学習が使われています。たとえば、機械学習アルゴリズムを使用して自動的にインデックスを自動生成してクエリの高速化を図ることなどが内部的に行なわれます。AIによるデータベースの運用保守が行なわれる日が思った以上に近づいていることには驚くばかりです。

では、本書に記載されるような内部動作の理解は不要なのでしょうか？

筆者としては、AIの活躍により、幸いにも頻度は下がるにせよ、やはり内部動作の理解は必要だと考えています（この本が売れなくなるからだけではなく！）。

AIが目指す全体最適ではなく、非常に重要なシステムのSQL文に特化したチューニングなど、AIが活躍する場とは少し異なる場面で、これまで通り内部動作の知識は生かされるでしょうし、内部動作を理解した最適なデータベース設計が行なえれば、より効果的にOracle Autonomous Databaseが活用できるはずです。

さて、本書はいかがでしたでしょうか？　筆者の理想が高いあまり、入門と言うには難しくなってしまったと思いますが、何か1つでも学んでいただけたことがあれば幸いです。

本書のように、一般的なITの観点からアーキテクチャや動作を学ぶことは、遠回りのように見えて一番の近道です。みなさんの成長に少しでも役立てば本望です。最後になりましたが、今後のみなさんのご活躍をお祈りしています。

APPENDIX

ユースケースで学ぶOracle

これまでの章では、より多くの方にOracleの基本的なアーキテクチャを理解していただけるよう、できるだけOracle用語を使わず、かつ、Oracleのコマンドには触れずに解説してきました。このAPPENDIXでは、少し視点を変えて、実際に利用する際の具体的なイメージを持っていただけるよう、コマンドでOracleの操作を行ないます。

これまでに学んできたOracleの仕組みを思い出しつつ、実際にどのようなコマンドでどのような操作が実行されているのか、確認してみてください。

A.1 Aさんに用意された課題

AさんはOJTで先輩から、「データファイルの追加」を一人で行なう、という課題を提示されました。Aさんがどのように操作を行なうのか、実際のコマンドとともに見ていきましょう。

なお、今回Aさんが実際に触ってみる環境は表A.1のとおりです。基本的なコマンドはバージョンが違っても大きな違いはないはずですが、実行する際には対象バージョンのマニュアルを確認してみてください。

表A.1　環境情報

項目	値
OS	Oracle Linux Server release 6.8
Oracle Databaseバージョン	18c
ORACLE_HOME	/u01/app/oracle/product/18.0.0/dbhome_1
ORACLE_SID※	ORCL

※インスタンス名。シングル構成では、データベース名がORACLE_SIDとなる。

A.2 Oracleの起動

参考 第5章 Oracleの起動と停止

今は使っていない検証用データベースを借りることができたから、そこで試してみよう。まずは起動からだな。

Oracleを操作するためのツールSQL*Plusを使用してOracleに接続します。接続する際には、ツールの接続先となるデータベースインスタンスおよびSQL*Plusの実行ファイルの場所を判別するために、リストA.1の環境変数を設定する必要があります。

リストA.1 環境変数の設定とOracleへの接続

```
## 環境変数の設定
[oracleユーザ@OSプロンプト]$ export ORACLE_SID=ORCL
[oracleユーザ@OSプロンプト]$ export ORACLE_HOME=/u01/app/oracle/product/↵
18.0.0/dbhome_1
[oracleユーザ@OSプロンプト]$ export PATH=$ORACLE_HOME/bin:$PATH

## SQL*Plusへの接続
[oracleユーザ@OSプロンプト]$ sqlplus / as sysdba
SQL*Plus: Release 18.0.0.0.0 - Production on Thu Dec 27 18:06:08 2018
Version 18.3.0.0.0

Copyright (c) 1982, 2018, Oracle.  All rights reserved.


Connected to:
Oracle Database 18c Enterprise Edition Release 18.0.0.0.0 - Production
Version 18.3.0.0.0
SQL>
```

MEMO

以降の操作では、環境変数が設定されている前提でコマンドを実行します。もし、環境へ再ログインを行なった場合には忘れずに環境変数を設定してください。

よし、SQL*Plusにつなぐことができたな。じゃあOracleを起動しよう。念のため、起動確認もしておこう。

さっそくOracleを起動しましょう（リストA.2)。データ処理を行なうことができるOPEN状態になることを確認します。

リストA.2　Oracleの起動

```
SQL> startup
ORACLE instance started.

Total System Global Area 2768240008 bytes
Fixed Size                  8932744 bytes
Variable Size             704643072 bytes
Database Buffers         1979711488 bytes
Redo Buffers               74952704 bytes
Database mounted.
Database opened.

-- 起動確認
SQL> select instance_name, status from v$instance;
INSTANCE_NAME    STATUS
---------------- ------------
ORCL             OPEN
```

A.3 リスナー経由の接続 参考 第6章 接続とサーバープロセスの生成

そうだ！　せっかくだからアプリケーションからの接続を想定して、リスナー経由の接続もやってみようかな。

まずはリスナーの起動を行ないます（リストA.3）。これでアプリケーションからの接続を受け付ける状態になりました。

リストA.3　リスナーの起動

```
[oracle ユーザ @OS プロンプト ]$ lsnrctl start listener
```

（listener：デフォルトリスナー起動時はリスナー名は省略可能）

MEMO

第6章では、リスナー名を省略したコマンドを紹介しています。リスナー名を省略する場合はデフォルトリスナー名の「listener」が起動されます。

インスタンス起動時にリスナーが起動しておらず、自動登録方式（動的サービス登録）を利用している場合、リスナーに自分が案内しなければいけないデータベースを明示的に知らせるために、リストA.4のコマンドを実行しましょう。

MEMO

実際には、このコマンドを実行しなくても、定期的にチェックが入るため、しばらく待つと自動的に登録されます。

リストA.4　サービス登録

```
[oracle ユーザ @OS プロンプト ]$ sqlplus / as sysdba
SQL> alter system register;
```

リスナーは起動できたから、リスナーで接続するデータベースの情報を確認して、接続してみよう。

ホスト名（またはIPアドレス）、リスニングポート、サービス名を確認し、接続します（リストA.5）。接続後にインスタンス名を確認して、想定通り接続できていることを確認しましょう。

リスナーのステータス確認時に接続したいインスタンスのサービス名が表示されない場合は、リスナーは自分が案内すべきデータベースを認識していません。前述の「alter system register;」の実行や、listener.oraファイルなどの設定の見直しを行なう必要があります。

リストA.5　リスナーステータスの確認

```
[oracleユーザ@OSプロンプト]$ lsnrctl status listener

LSNRCTL for Linux: Version 18.0.0.0.0 - Production on 27-DEC-2018 18:14:46

Copyright (c) 1991, 2018, Oracle.  All rights reserved.

Connecting to (DESCRIPTION=(ADDRESS=(PROTOCOL=TCP)(HOST=XXXX)(PORT=1521)))
STATUS of the LISTENER
------------------------
Alias                     listener
Version                   TNSLSNR for Linux: Version 18.0.0.0.0 - Production
Start Date                27-DEC-2018 18:11:56
Uptime                    0 days 0 hr. 2 min. 50 sec
Trace Level               off
Security                  ON: Local OS Authentication
SNMP                      OFF
Listener Parameter File   /u01/app/oracle/product/18.0.0/dbhome_1/network/⏎
                          admin/listener.ora
Listener Log File         /u01/app/oracle/diag/tnslsnr/hostname/listener/⏎
                          alert/log.xml  ホスト名/IPアドレス  リスニングポート
Listening Endpoints Summary...
  (DESCRIPTION=(ADDRESS=(PROTOCOL=tcp)(HOST=XXXX )(PORT=1521)))
  (DESCRIPTION=(ADDRESS=(PROTOCOL=ipc)(KEY=EXTPROC1521)))
  (DESCRIPTION=(ADDRESS=(PROTOCOL=tcps)(HOST=XXXX)(PORT=5500))(Security=⏎
  (my_wallet_directory=/u01/app/oracle/product/18.0.0/dbhome_1/admin/ORCL/⏎
  xdb_wallet))(Presentation=HTTP)(Session=RAW))
Services Summary...―――――――――――サービス名
Service "ORCL" has 1 instance(s).
  Instance "ORCL", status READY, has 1 handler(s) for this service...
Service "ORCLXDB" has 1 instance(s).
  Instance "ORCL", status READY, has 1 handler(s) for this service...
The command completed successfully

## SQL*Plusを使用して、Oracleへ接続
## sqlplus sys/<パスワード>@<ホスト名>:<リスニングポート>/<サービス名>
[oracleユーザ@OSプロンプト]$ sqlplus sys/<パスワード>@XXXX:1521/ORCL as sysdba

--Oracleの状態を確認
SQL> select instance_name, status from v$instance;

INSTANCE_NAME    STATUS
---------------- ------------
ORCL             OPEN
```

A.4 データファイルの追加 参考 第7章 Oracleのデータ構造

よし、課題のデータファイルの追加に挑戦してみよう。とりあえずサイズは10MくらいでUSERS表領域に追加してみるか。

まずは既存のデータファイルを確認してみましょう。リストA.6のコマンドで、論理構造である表領域と物理構造であるデータファイルの対応関係を確認することができます。たとえば、USERS表領域は「/u01/app/oracle/oradata/ORCL/users01.dbf」で構成されていることがわかります。

リストA.6　データファイルの確認

```
[oracleユーザ@OSプロンプト]$ sqlplus / as sysdba
                                         SQL*Plusの出力を整形するコマンド。
SQL> set pagesize 1000 linesize 1000     実行結果には影響しないが、見やすくする
SQL> column TABLESPACE_NAME format a20   ために必要に応じて設定する
SQL> column FILE_NAME format a80         SQL> set pagesize サイズ linesize サイズ
SQL> column STATUS format a10            SQL> column 列名 format サイズ
SQL> select TABLESPACE_NAME, FILE_NAME, STATUS
     from DBA_DATA_FILES order by TABLESPACE_NAME, FILE_NAME;

TABLESPACE_NAME  FILE_NAME                                  STATUS
---------------  -----------------------------------------  ----------
SYSAUX           /u01/app/oracle/oradata/ORCL/sysaux01.dbf   AVAILABLE
SYSTEM           /u01/app/oracle/oradata/ORCL/system01.dbf   AVAILABLE
UNDOTBS1         /u01/app/oracle/oradata/ORCL/undotbs01.dbf  AVAILABLE
USERS            /u01/app/oracle/oradata/ORCL/users01.dbf    AVAILABLE
```

次に、実際にデータファイル（users02.dbf）を追加してみます（リストA.7）。

リストA.7　データファイルの追加

```
SQL> ALTER TABLESPACE USERS ADD DATAFILE '/u01/app/oracle/oradata/ORCL/↵
users02.dbf' size 10M;
```

あらためて確認してみると、たしかにUSERS表領域にデータファイルが追加されていることを確認できました（リストA.8）。

リストA.8　データファイルの確認

```
SQL> set pagesize 1000 linesize 1000
SQL> column TABLESPACE_NAME format a20
SQL> column FILE_NAME format a80
SQL> column STATUS format a10
SQL> select TABLESPACE_NAME, FILE_NAME, STATUS
     from DBA_DATA_FILES order by TABLESPACE_NAME, FILE_NAME;

TABLESPACE_NAME   FILE_NAME                                 STATUS
---------------   ---------------------------------------   ----------
SYSAUX            /u01/app/oracle/oradata/ORCL/sysaux01.dbf    AVAILABLE
SYSTEM            /u01/app/oracle/oradata/ORCL/system01.dbf    AVAILABLE
UNDOTBS1          /u01/app/oracle/oradata/ORCL/undotbs01.dbf   AVAILABLE
USERS             /u01/app/oracle/oradata/ORCL/users01.dbf     AVAILABLE
USERS             /u01/app/oracle/oradata/ORCL/users02.dbf     AVAILABLE
```

動作確認として、USERS表領域に新しくテーブルを作ってみよう（リストA.9）。うん、大丈夫そうだな。

リストA.9　テーブルの作成

```
-- USERS 表領域にテーブル作成
SQL> create table TESTTBL(id number, create_date date) tablespace USERS;

-- データ追加
SQL> insert into TESTTBL values(1, sysdate);
SQL> commit;

-- テーブルに Insert したデータの確認
SQL> select ID, to_char(CREATE_DATE, 'MM-DD HH24:MI:SS') as CREATE_DATE↵
     from TESTTBL;
        ID CREATE_DATE
---------- --------------
         1 12-28 12:31:06
```

Aさんは無事に先輩の課題をクリアすることができました。借りた環境のため、元の状態に戻して返しましょう。どのようにすればよいでしょうか？　続けて、Aさんの作業を見てみましょう。

さて、クリーンアップして片付けよう。データファイルを追加したから削除しないとな。そうだ、念のため、削除する前にバックアップを取っておこうかな。

A.5 バックアップの取得 参考 第10章 バックアップ/リカバリのアーキテクチャと動作

オンラインバックアップを取るために、アーカイブログモードであることを確認します（リストA.10）。アーカイブログモードではない場合は、アーカイブログモードに変更します。

リストA.10　バックアップの準備（アーカイブログモードであることの確認）

```
[oracle ユーザ@OS プロンプト]$ sqlplus / as sysdba

-- アーカイブログモードの確認
SQL> select log_mode from v$database;
LOG_MODE
------------
ARCHIVELOG

-- アーカイブログモードでない場合（NOARCHIVELOG となっていた場合）は以下を実行
--Oracle の停止
SQL> shutdown immediate
Database closed.
Database dismounted.
ORACLE instance shut down.

--MOUNT 状態で起動
SQL> startup mount
ORACLE instance started.

Total System Global Area 2768240008 bytes
Fixed Size                  8932744 bytes
Variable Size             704643072 bytes
Database Buffers         1979711488 bytes
Redo Buffers               74952704 bytes
Database mounted.

-- アーカイブログモードに変更
SQL> alter database archivelog;

--OPEN 状態に変更
SQL> alter database open;
```

RMANからバックアップを取得する方法もありますが（そちらのほうが容易です）、今回はバックアップおよびリカバリの内容をより具体的にイメージできるようにOSコマンドでオンラインバックアップを取得する方法を使用します。

まずはデータファイルのバックアップからだな。

バックアップすべきデータファイルの場所を確認しましょう（リストA.11）。

リストA.11　データファイルの場所の確認

```
[oracleユーザ@OSプロンプト]$ sqlplus / as sysdba

SQL> set pagesize 1000 linesize 1000
SQL> column TABLESPACE_NAME format a20
SQL> column FILE_NAME format a80
SQL> column STATUS format a10
SQL> select TABLESPACE_NAME, FILE_NAME, STATUS
     from DBA_DATA_FILES order by TABLESPACE_NAME, FILE_NAME;

TABLESPACE_NAME   FILE_NAME                                      STATUS
---------------   --------------------------------------------   ----------
SYSAUX            /u01/app/oracle/oradata/ORCL/sysaux01.dbf      AVAILABLE
SYSTEM            /u01/app/oracle/oradata/ORCL/system01.dbf      AVAILABLE
UNDOTBS1          /u01/app/oracle/oradata/ORCL/undotbs01.dbf     AVAILABLE
USERS             /u01/app/oracle/oradata/ORCL/users01.dbf       AVAILABLE
USERS             /u01/app/oracle/oradata/ORCL/users02.dbf       AVAILABLE
```

オンラインバックアップのため、リストA.12のコマンドで、復旧のためREDOログに各種情報を追加するバックアップモードへ移行します。BACKUP_MODEがACTIVEの場合はバックアップモードになっています。

リストA.12　REDOログに各種情報を追加するバックアップモードへ移行

```
-- バックアップ モードへの移行
SQL> ALTER DATABASE BEGIN BACKUP;

-- バックアップモードの確認
SQL> set pagesize 1000 linesize 1000
SQL> column DF_NAME format a80
SQL> SELECT t.name AS "TB_NAME", d.name AS "FILE_NAME", b.status AS "BACKUP_MODE"
     FROM   V$DATAFILE d, V$TABLESPACE t, V$BACKUP b
     WHERE  d.TS#=t.TS#
     AND    b.FILE#=d.FILE#;

TB_NAME           FILE_NAME                                      BACKUP_MODE
---------------   --------------------------------------------   ----------
SYSAUX            /u01/app/oracle/oradata/ORCL/sysaux01.dbf      ACTIVE
SYSTEM            /u01/app/oracle/oradata/ORCL/system01.dbf      ACTIVE
UNDOTBS1          /u01/app/oracle/oradata/ORCL/undotbs01.dbf     ACTIVE
USERS             /u01/app/oracle/oradata/ORCL/users01.dbf       ACTIVE
USERS             /u01/app/oracle/oradata/ORCL/users02.dbf       ACTIVE
```

OSコマンドでバックアップを行ないます（リストA.13）。今回は「/u04/backups/backup_online/ORCL」にデータファイルをコピーします。バックアップ先のディレクトリは事前に作成しておく必要があります。

リストA.13　バックアップ

```
## データファイルのバックアップ
[oracleユーザ@OSプロンプト]$ cp -p /u01/app/oracle/oradata/ORCL/↵
sysaux01.dbf /u04/backups/backup_online/ORCL
[oracleユーザ@OSプロンプト]$ cp -p /u01/app/oracle/oradata/ORCL/↵
system01.dbf /u04/backups/backup_online/ORCL
[oracleユーザ@OSプロンプト]$ cp -p /u01/app/oracle/oradata/ORCL/↵
undotbs01.dbf /u04/backups/backup_online/ORCL
[oracleユーザ@OSプロンプト]$ cp -p /u01/app/oracle/oradata/ORCL/↵
users01.dbf /u04/backups/backup_online/ORCL
[oracleユーザ@OSプロンプト]$ cp -p /u01/app/oracle/oradata/ORCL/↵
users02.dbf /u04/backups/backup_online/ORCL

## 確認
[oracleユーザ@OSプロンプト]$ ls -l /u04/backups/backup_online/ORCL
total 2124848
-rwxr-x--- 1 oracle oinstall 943726592 Dec 28 12:37 sysaux01.dbf
-rwxr-x--- 1 oracle oinstall 901783552 Dec 28 12:37 system01.dbf
-rwxr-x--- 1 oracle oinstall 314580992 Dec 28 12:42 undotbs01.dbf
-rwxr-x--- 1 oracle oinstall   5251072 Dec 28 12:37 users01.dbf
-rw-r----- 1 oracle oinstall  10493952 Dec 28 12:37 users02.dbf
```

データファイルのバックアップが完了したら、バックアップモードを終了します（リストA.14）。BACKUP_MODEがNOT ACTIVEになっていることを確認します。

リストA.14　バックアップモードの終了

```
[oracleユーザ@OSプロンプト]$ sqlplus / as sysdba
SQL> ALTER DATABASE END BACKUP;

-- バックアップモードの確認
SQL> set pagesize 1000 linesize 1000
SQL> column DF_NAME format a80
SQL> SELECT t.name AS "TB_NAME", d.name AS "FILE_NAME", b.status AS "BACKUP_MODE"
     FROM   V$DATAFILE d, V$TABLESPACE t, V$BACKUP b
     WHERE  d.TS#=t.TS#
     AND    b.FILE#=d.FILE#;

TB_NAME          FILE_NAME                                   BACKUP_MODE
---------------  ------------------------------------------  ----------
SYSAUX           /u01/app/oracle/oradata/ORCL/sysaux01.dbf    NOT ACTIVE
SYSTEM           /u01/app/oracle/oradata/ORCL/system01.dbf    NOT ACTIVE
UNDOTBS1         /u01/app/oracle/oradata/ORCL/undotbs01.dbf   NOT ACTIVE
USERS            /u01/app/oracle/oradata/ORCL/users01.dbf     NOT ACTIVE
USERS            /u01/app/oracle/oradata/ORCL/users02.dbf     NOT ACTIVE
```

念のため、オンラインREDOログファイル、アーカイブREDOログファイルのバックアップもしておこう。

オンラインREDOログをアーカイブして、アーカイブREDOログをバックアップします（リストA.15）。今回はアーカイブログが格納されているディレクトリごと「/u04/backups/backup_online/ORCL」にコピーします。

リストA.15　アーカイブREDOログのバックアップ

```
-- オンラインREDOログのアーカイブ
SQL> ALTER SYSTEM archive log current;

-- アーカイブREDOログの格納先ディレクトリの確認
SQL>  select NAME from V$ARCHIVED_LOG where NAME is not null;
NAME
--------------------------------------------------------------------------------
/u02/app/oracle/fast_recovery_area/ORCL/archivelog/2018_12_27/o1_mf_1_23_⏎
g2957dh7_.arc
/u02/app/oracle/fast_recovery_area/ORCL/archivelog/2018_12_27/o1_mf_1_24_⏎
g29877cg_.arc
SQL> exit;

## アーカイブログ格納ディレクトリのバックアップ
[oracleユーザ@OSプロンプト]$ cp -rp /u02/app/oracle/fast_recovery_area/ORCL/
archivelog /u04/backups/backup_online/ORCL

## コピー先のディレクトリにアーカイブログ格納ディレクトリと同じ構造のディレクトリができており、
## ディレクトリ内に同じファイルが格納されていることを確認
[oracleユーザ@OSプロンプト]$ ls -l /u04/backups/backup_online/ORCL
```

最後は制御ファイルのバックアップだな。

データファイル、アーカイブREDOログのバックアップが終わったら、制御ファイルのバックアップを取得します（リストA.16）。制御ファイルはデータベースの物理構造を記録するものであるため、最後に取得します（たとえば、制御ファイル作成後にオンラインREDOログをアーカイブして、バックアップしてしまうと、バックアップ時点の制御ファイルが知らない物理ファイルが存在することになってしまい、おかしなことになってしまいますよね？）。

今回は制御ファイルを「/u04/backups/backup_online/ORCL/control」にバックアップします。

リストA.16　制御ファイルのバックアップ

```
[oracleユーザ@OSプロンプト]$ sqlplus / as sysdba

SQL> ALTER DATABASE backup controlfile to '/u04/backups/backup_online/↵
ORCL/control/control_bk.ctl';
```

補足

RMANでは、リストA.17のコマンドでバックアップの取得が完了します。バックアップモードへの移行なども不要で、非常に簡単です。バックアップ取得先等も指定できるため、コマンドオプションをぜひ調べてみてください。

リストA.17　RMANからバックアップ

```
[oracleユーザ@OSプロンプト]$ rman target /
--制御ファイルのバックアップ
RMAN> CONFIGURE CONTROLFILE AUTOBACKUP ON;

--データファイル、アーカイブREDOログのバックアップ
RMAN> BACKUP DATABASE PLUS ARCHIVELOG;
```

A.6 OSコマンドによるデータファイルの削除

参考 第7章 Oracleのデータ構造

よし、バックアップもできたし、追加したデータファイルを削除しよう(リストA.18)。

リストA.18　OSコマンドによるデータファイルの削除

```
[oracleユーザ@OSプロンプト]$ rm /u01/app/oracle/oradata/ORCL/users02.dbf
```

※このコマンドはデータベース障害を引き起こすため、実際に実行する際にはご注意ください。

データファイルを確認して、と…（リストA.19)。

リストA.19　データファイルの確認

```
[oracleユーザ@OSプロンプト]$ sqlplus / as sysdba

SQL> set pagesize 1000 linesize 1000
SQL> column TABLESPACE_NAME for a20
SQL> column FILE_NAME for a80
SQL> column STATUS for a10
SQL> select TABLESPACE_NAME, FILE_NAME, STATUS
     from DBA_DATA_FILES order by TABLESPACE_NAME, FILE_NAME;

TABLESPACE_NAME   FILE_NAME                                   STATUS
---------------   -----------------------------------------   ----------
SYSAUX            /u01/app/oracle/oradata/ORCL/sysaux01.dbf   AVAILABLE
SYSTEM            /u01/app/oracle/oradata/ORCL/system01.dbf   AVAILABLE
UNDOTBS1          /u01/app/oracle/oradata/ORCL/undotbs01.dbf  AVAILABLE
USERS             /u01/app/oracle/oradata/ORCL/users01.dbf    AVAILABLE
USERS             /u01/app/oracle/oradata/ORCL/users02.dbf    AVAILABLE
```

あれ？　データファイルが消えてないぞ？　あ！　物理構造のデータファイルをOSコマンドで消したから、Oracleはデータファイルが無くなったことを認識していないのか。制御ファイル上では存在するのに、実際には存在しないデータファイルができてしまった…。そうなると、OPEN前に実際にデータファイルのチェックをするところで失敗してMOUNT状態から進めないな。

うっかりしてしまったAさんですが、念のために取得しておいたバックアップが役に立ちそうです。ここからはAさんと一緒にリカバリ手順を見ていきましょう。

A.7 現状のバックアップ 参考 第10章 バックアップ/リカバリのアーキテクチャと動作

リストアをする前に、現状のバックアップを取っておいたほうがいいんだったな。

やり直しができるようにするためと、あとで調査ができるようにするために、Oracleを停止して、現状のバックアップを取得しておきましょう。

静止した状態でバックアップを取得するため、Oracleを停止する前に制御ファイルとオンラインREDOログの位置を確認します（リストA.20）。今回の環境では制御ファイルは冗長化（2重化）されているようです。

リストA.20　現在のバックアップの取得

```
[oracle ユーザ @OS プロンプト ]$ sqlplus / as sysdba

-- 制御ファイルの位置を確認
SQL> show parameter control_files

NAME                             TYPE        VALUE
-------------------------------- ----------- ------------------------------
control_files                    string      /u01/app/oracle/oradata/ORCL/c
                                             ontrol01.ctl, /u02/app/oracle/
                                             fast_recovery_area/ORCL/contro
                                             l02.ctl

-- オンライン REDO ログの場所を確認
SQL> select MEMBER from V$LOGFILE;
MEMBER
--------------------------------------------------------------------------------
/u03/app/oracle/redo/redo03.log
/u03/app/oracle/redo/redo02.log
/u03/app/oracle/redo/redo01.log
```

制御ファイルは重要なため、このように冗長化して配置されているケースが多い

まずはOracleを停止します（リストA.21）。

リストA.21　Oracleの停止

```
[oracle ユーザ @OS プロンプト ]$ sqlplus / as sysdba

SQL> shutdown immediate
ORA-01116: error in opening database file 14
ORA-01110: data file 14: '/u01/app/oracle/oradata/ORCL/users02.dbf'
ORA-27041: unable to open file
Linux-x86_64 Error: 2: No such file or directory
Additional information: 3
```

そうか、データファイルが存在しないから、通常停止できないのか。仕方ないから、強制停止をしよう。

コミットしていないデータは失われますが、即座にOracleを停止するabortコマンドを実行します（リストA.22）。

リストA.22　即座にOracleを停止

```
SQL> shutdown abort
ORACLE instance shut down.
```

この状態で起動させようとすると、Aさんが考えていた通り、データファイルの位置を確認するMOUNT状態までは進めますが、OPENになる前にエラーが発生して起動できないことがわかります（リストA.23）。

リストA.23　Oracleを起動して確認

```
-- Oracle の起動
SQL> startup
ORACLE instance started.

Total System Global Area 2432694040 bytes
Fixed Size                  8693528 bytes
Variable Size             654311424 bytes
Database Buffers         1761607680 bytes
Redo Buffers                8081408 bytes
Database mounted.
ORA-01157: cannot identify/lock data file 14 - see DBWR trace file
ORA-01110: data file 14: '/u01/app/oracle/oradata/ORCL/users02.dbf'
```

データファイル、オンラインREDOログ、アーカイブREDOログ、制御ファイルをすべてバックアップしよう。

OSコマンドでバックアップを行ないます（リストA.24）。今回はそれぞれ以下の場所にバックアップします。

- データファイル、アーカイブREDOログ、オンラインREDOログ（アーカイブREDOログおよびオンラインREDOログはディレクトリごとバックアップする）
  /u04/backups/backup_offline/ORCL

・制御ファイル

/u04/backups/backup_offline/ORCL/control

リストA.24　OSコマンドでバックアップ

```
## データファイルのバックアップ
[oracleユーザ@OSプロンプト]$ cp -p /u01/app/oracle/oradata/ORCL/⏎
sysaux01.dbf /u04/backups/backup_offline/ORCL
[oracleユーザ@OSプロンプト]$ cp -p /u01/app/oracle/oradata/ORCL/⏎
system01.dbf /u04/backups/backup_offline/ORCL
[oracleユーザ@OSプロンプト]$ cp -p /u01/app/oracle/oradata/ORCL/⏎
undotbs01.dbf /u04/backups/backup_offline/ORCL
[oracleユーザ@OSプロンプト]$ cp -p /u01/app/oracle/oradata/ORCL/⏎
users01.dbf /u04/backups/backup_offline/ORCL
[oracleユーザ@OSプロンプト]$ ls -l /u04/backups/backup_offline/ORCL

## アーカイブREDOログのバックアップ
[oracleユーザ@OSプロンプト]$ cp -rp /u02/app/oracle/fast_recovery_area/⏎
ORCL/archivelog /u04/backups/backup_offline/ORCL
[oracleユーザ@OSプロンプト]$ ls -l /u04/backups/backup_offline/ORCL

## オンラインREDOログのバックアップ
[oracleユーザ@OSプロンプト]$ cp -rp /u03/app/oracle/redo /u04/backups/⏎
backup_offline/ORCL
[oracleユーザ@OSプロンプト]$ ls -l /u04/backups/backup_offline/ORCL/redo

## 制御ファイルのバックアップ
[oracleユーザ@OSプロンプト]$ cp -p /u01/app/oracle/oradata/ORCL/⏎
control01.ctl /u04/backups/backup_offline/ORCL/control
[oracleユーザ@OSプロンプト]$ cp -p /u02/app/oracle/fast_recovery_area/⏎
ORCL/control02.ctl /u04/backups/backup_offline/ORCL/control
[oracleユーザ@OSプロンプト]$ ls -l /u04/backups/backup_offline/ORCL/⏎
control
```

A.8 リストア

参考 第10章 バックアップ/リカバリのアーキテクチャと動作

まずはデータファイル追加後に、念のためバックアップしたときのファイルを使ってリストアをしよう。データファイルがなくなったから、データファイルとアーカイブREDOログを戻さないと。制御ファイルは問題ないからそのままでいいな。

まずはデータファイルのリストアを行ないます（リストA.25）。ここでは、データファイル追加後に念のため「/u04/backups/backup_online/ORCL」ディレクトリに取得しておいたバックアップファイルを使用します。

リストA.25　データファイルのリストア

```
## 現在存在しているデータファイルの削除
[oracle ユーザ @OS プロンプト ]$ rm /u01/app/oracle/oradata/ORCL/sysaux01.dbf
[oracle ユーザ @OS プロンプト ]$ rm /u01/app/oracle/oradata/ORCL/system01.dbf
[oracle ユーザ @OS プロンプト ]$ rm /u01/app/oracle/oradata/ORCL/undotbs01.dbf
[oracle ユーザ @OS プロンプト ]$ rm /u01/app/oracle/oradata/ORCL/users01.dbf

## データファイルが削除されていることを確認
[oracle ユーザ @OS プロンプト ]$ ls -l /u01/app/oracle/oradata/ORCL

## バックアップからデータファイルをリストア
[oracle ユーザ @OS プロンプト ]$ cp -p /u04/backups/backup_online/ORCL/*dbf↵
/u01/app/oracle/oradata/ORCL
```

次に、オンラインバックアップのリカバリに必須となるアーカイブREDOログのリストアを行ないます（リストA.26）。ディスク上に必要なものがすべてそろっているのであれば、リストアをしなくてもかまいません。

リストA.26　アーカイブREDOログのリストア

```
## 現在存在しているアーカイブ REDO を削除
[oracle ユーザ @OS プロンプト ]$ rm -r /u02/app/oracle/fast_recovery_area/↵
ORCL/archivelog

## ディレクトリが削除されていることを確認
[oracle ユーザ @OS プロンプト ]$ ls -l /u02/app/oracle/fast_recovery_area/ORCL

## バックアップからアーカイブ REDO をリストア
[oracle ユーザ @OS プロンプト ]$ cp -rp /u04/backups/backup_online/ORCL/↵
archivelog /u02/app/oracle/fast_recovery_area/ORCL
```

A.9 リカバリ

参考 第10章 バックアップ/リカバリのアーキテクチャと動作

MOUNTしてリカバリをしなきゃな。そうだ、その前にデータファイルのリストアができていることを確認しておこう。

リストアしたファイルが古い日時（ほぼバックアップを取得した日時）になっていることを確認しましょう。データファイルの情報は制御ファイルに書き込まれているため、OracleをMOUNT状態にする必要があります（リストA.27）。MOUNTは制御ファイルを読み込んだ状態でしたね。

リストA.27　OracleをMOUNT状態にする

```
[oracleユーザ@OSプロンプト]$ sqlplus / as sysdba

-- MOUNT状態に変更
SQL> startup mount
ORACLE instance started.

Total System Global Area 2768240008 bytes
Fixed Size                  8932744 bytes
Variable Size             704643072 bytes
Database Buffers         1979711488 bytes
Redo Buffers               74952704 bytes
Database mounted.

-- データファイルの確認
SQL> set pagesize 1000 linesize 1000
SQL> column NAME for a80
SQL> select TABLESPACE_NAME, NAME, STATUS, RECOVER,
            to_char(CHECKPOINT_TIME, 'MM-DD HH24:MI:SS') CHEKPOINT_TIME
     from V$DATAFILE_HEADER order by TABLESPACE_NAME, NAME;

TABLESPACE_NAME NAME                                           STATUS  REC CHECKPOINT_TIM
--------------- ---------------------------------------------- ------- --- --------------
SYSAUX          /u01/app/oracle/oradata/ORCL/sysaux01.dbf      ONLINE  YES 12-28 12:37:12
SYSTEM          /u01/app/oracle/oradata/ORCL/system01.dbf      ONLINE  YES 12-28 12:37:12
UNDOTBS1        /u01/app/oracle/oradata/ORCL/undotbs01.dbf     ONLINE  YES 12-28 12:37:12
USERS           /u01/app/oracle/oradata/ORCL/users01.dbf       ONLINE  YES 12-28 12:37:12
USERS           /u01/app/oracle/oradata/ORCL/users02.dbf       ONLINE  YES 12-28 12:37:12
```

リカバリを行ないます(リストA.28)。「Media recovery complete.」が表示されたら、OracleをOPENしてみましょう。Oracleが正常にOPENできたら、復旧は完了です。

なお、リカバリをする場合はOracleがMOUNT状態である必要があります。制御ファイルにアーカイブREDOログの情報が書いてあるため、制御ファイルを読み込んだMOUNT状態でないとリカバリできないことはここまで学んできたみなさんにはイメージできるはずです。

リストA.28　データベースのリカバリ

```
-- リカバリ
SQL> recover database;
Media recovery complete.

-- Oracle の OPEN
SQL> alter database open;
Database altered.
```

補足

RMANからリストア／リカバリを行なう場合は、リストA.29のコマンドを実行します。これはもっともシンプルなケースです。不完全リカバリのオプションなど、RMANのオプションをぜひ調べてみてください。

リストA.29　RMANからリストア／リカバリ

```
[oracle ユーザ @OS プロンプト ]$ rman target /

-- MOUNT 状態に変更
RMAN> startup mount

-- リストア
RMAN> RESTORE DATABASE;

-- リカバリ
RMAN> RECOVER DATABASE;

-- Oracle の OPEN
RMAN> alter database open;
```

念のため、データベースの状態とデータファイル、作ったテーブルの確認をして…（リストA.30）。よさそうだな！

リストA.30　データベースの状態、データファイル／テーブルの確認

```
-- 起動状態の確認
SQL> select instance_name, status from v$instance;

INSTANCE_NAME    STATUS
---------------- ------------
ORCL             OPEN

-- データファイルの確認
SQL> set pagesize 1000 linesize 1000
SQL> column TABLESPACE_NAME for a20
SQL> column FILE_NAME for a80
SQL> column STATUS for a10
SQL> select TABLESPACE_NAME, FILE_NAME, STATUS
     from DBA_DATA_FILES order by TABLESPACE_NAME, FILE_NAME;
TABLESPACE_NAME   FILE_NAME                                   STATUS
---------------   ------------------------------------------  ----------
SYSAUX            /u01/app/oracle/oradata/ORCL/sysaux01.dbf   AVAILABLE
SYSTEM            /u01/app/oracle/oradata/ORCL/system01.dbf   AVAILABLE
UNDOTBS1          /u01/app/oracle/oradata/ORCL/undotbs01.dbf  AVAILABLE
USERS             /u01/app/oracle/oradata/ORCL/users01.dbf    AVAILABLE
USERS             /u01/app/oracle/oradata/ORCL/users02.dbf    AVAILABLE

-- 作成したテーブルの確認
SQL> select ID, to_char(CREATE_DATE, 'MM-DD HH24:MI:SS') as CREATE_DATE↵
     from TESTTBL;
        ID CREATE_DATE
---------- --------------
         1 12-28 12:31:06
```

A.10 データファイルの削除

よし、あらためて、データファイルの削除をしよう。

データファイルの削除ができるのは、削除したいデータファイルからエクステントが獲得されておらず、データファイルが空である場合だけです。まずは試験的に作成したTESTTBLを削除します（リストA.31）。

リストA.31　テーブルの削除

```
[oracleユーザ@OSプロンプト]$ sqlplus / as sysdba

SQL> drop table TESTTBL purge;
```

データファイルを削除します（リストA.32）。最後にデータファイルがきちんとなくなっていることを確認しましょう。

リストA.32　データファイルの削除

```
SQL> ALTER TABLESPACE USERS
     DROP DATAFILE'/u01/app/oracle/oradata/ORCL/users02.dbf';

-- データファイルの確認
SQL> set pagesize 1000 linesize 1000
SQL> column TABLESPACE_NAME for a20
SQL> column FILE_NAME for a80
SQL> column STATUS for a10
SQL> select TABLESPACE_NAME, FILE_NAME, STATUS
     from DBA_DATA_FILES order by TABLESPACE_NAME, FILE_NAME;
TABLESPACE_NAME   FILE_NAME                                     STATUS
---------------   -------------------------------------------   ----------
SYSAUX            /u01/app/oracle/oradata/ORCL/sysaux01.dbf     AVAILABLE
SYSTEM            /u01/app/oracle/oradata/ORCL/system01.dbf     AVAILABLE
UNDOTBS1          /u01/app/oracle/oradata/ORCL/undotbs01.dbf    AVAILABLE
USERS             /u01/app/oracle/oradata/ORCL/users01.dbf      AVAILABLE

SQL> exit

## OS上からも削除されていることを確認
[oracleユーザ@OSプロンプト]$ ls -l /u01/app/oracle/oradata/ORCL/users02.dbf
ls: cannot access /u01/app/oracle/oradata/ORCL/users02.dbf: No such file or directory
```

A.11 Oracleの停止 参考 第5章 Oracleの起動と停止

よかった。これで無事に課題を終わらせられたな。最後にOracleを停止しよう（リストA.33）。

リストA.33　Oracleの停止

```
[oracleユーザ@OSプロンプト]$ sqlplus / as sysdba

SQL> shutdown immediate
Database closed.
Database dismounted.
ORACLE instance shut down.
```

途中でトラブルはあったものの、Aさんは無事に課題を終わらせることができました。

さて、このAPPENDIXでは実際のコマンドとともにOracleの操作を見てきました。Oracleを使うイメージはわいたでしょうか？　知らないコマンドばかりでとまどった方もいるかもしれませんが、ここで大切なのは自分でコマンドを実行してみることです（わからないコマンドがあったら自分で調べてみてください）。コマンドを実行して結果を確認し、実際にOracleの内部では何をやっているのか、ということを意識してみてください。

INDEX

■Tips／COLUMN／現場のIT用語　INDEX

◉ Tips

◉ 上級者向けTips

◉ COLUMN

◉ 現場のIT用語

索引

著者・監修

●小田圭二（おだけいじ）

日本オラクル株式会社コンサルティングサービス事業統括に所属するディレクター。

現場でプロジェクトを担当していた時代に初版を執筆した。今はマネージャとしてプロデュースする立場になっている。

趣味はトライアスロン。

主な著書は『絵で見てわかるOS／ストレージ／ネットワーク～データベースはこう使っている』『新・門外不出のOracle現場ワザ　エキスパートが明かす運用・管理の極意』（いずれも翔泳社）ほか。

著者

●杉田敦史（すぎたあつし）

2001年日本オラクル株式会社に新卒入社。

シニアプリンシパルコンサルタントとして、主に通信・金融向けにHadoopとリレーショナルDBによるデータレイク基盤導入やプライベートクラウド導入計画策定を遂行。

趣味はランニング、旅行、料理、家族サービス。

●山本裕美子（やまもとゆみこ）

日本オラクル株式会社コンサルティングサービス事業統括に所属するコンサルタント。

2016年の中途入社後、建設業や金融業のお客様向けのセキュリティ支援や運用支援を担当。

おいしいごはんと、いぬねこが大好き。好きな芸能人にはすぐに会いに行く癖がある。

●辻井由佳（つじいゆか）

日本オラクル株式会社コンサルティングサービス事業統括に所属するコンサルタント。

金融関係や電力関係の業界でOracle DB構築／設計支援を担当。最近ではさらに守備範囲を広げるべく、様々な分野にチャレンジ中。

冬場はみかんばかり食べている。

●寺村涼（てらむらりょう）

日本オラクル株式会社コンサルティングサービス事業統括に所属するコンサルタント。

新卒でオラクルに入社して、オラクル一筋で業種問わず様々なプロジェクトを支援。最近はOracle Data GuardやOracle GoldenGateといったOracle Databaseの可用性に関わるプロジェクトを担当。

週末テニスプレイヤー。

装丁＆本文デザイン　NONdesign 小島トシノブ
装丁イラスト　山下以登
DTP　株式会社アズワン

絵で見てわかるOracle《オラクル》の仕組み　新装版

2019年3月11日 初版第1刷発行

著者・監修　小田圭二（おだけいじ）
著者　杉田敦史（すぎたあつし）
山本裕美子（やまもとゆみこ）
辻井由佳（つじいゆか）
寺村涼（てらむらりょう）
発行人　佐々木幹夫
発行所　株式会社翔泳社（https://www.shoeisha.co.jp）
印刷・製本　日経印刷株式会社

ISBN978-4-7981-5769-6 Printed in Japan

本書内容に関するお問い合わせについて

本書に関するご質問、正誤表については下記のWebサイトをご参照ください。
お電話によるお問い合わせについては、お受けしておりません。

正誤表　● https://www.shoeisha.co.jp/book/errata/
刊行物Q&A　● https://www.shoeisha.co.jp/book/qa/

インターネットをご利用でない場合は、FAXまたは郵便にて、下記にお問い合わせください。

送付先住所 〒160-0006　東京都新宿区舟町5
（株）翔泳社 愛読者サービスセンター　FAX番号：03-5362-3818

ご質問に際してのご注意

本書の対象を越えるもの、記述個所を特定されないもの、また読者固有の環境に起因するご質問等にはお答えできませんので、あらかじめご了承ください。
※本書に記載されたURL等は予告なく変更される場合があります。
※本書の出版にあたっては正確な記述につとめましたが、著者や出版社などのいずれも、本書の内容に対してなんらかの保証をするものではなく、内容やサンプルに基づくいかなる運用結果に関してもいっさいの責任を負いません。
※本書に掲載されているサンプルプログラムやスクリプト、および実行結果を記した画面イメージなどは、特定の設定に基づいた環境にて再現される一例です。
※本書に記載されている会社名、製品名はそれぞれ各社の商標および登録商標です。